TRAITÉ

SUR

LE CHANVRE DU PIÉMONT

DE LA GRANDE ESPÈCE.

TRAITÉ

SUR

LE CHANVRE DU PIÉMONT

DE LA GRANDE ESPÈCE

(*CANNABIS GIGANTEA*),

SA CULTURE, SON ROUISSAGE ET SES PRODUITS;

Par P. Rey,

PHARMACIEN DES UNIVERSITÉS DE TURIN ET DE MONTPELLIER,

Visiteur et Réviseur des drogues médicinales qui s'introduisent dans le DUCHÉ DE SAVOIE.

Grenoble,

CHEZ BARATIER FRÈRES ET FILS, IMPRIMEURS-LIBR.,

GRANDE-RUE, 5.

1840.

GRENOBLE, IMPRIMERIE DE C.-P. BARATIER.

AVERTISSEMENT.

Mon unique but en publiant ce petit Traité, a été de faire connaître à mes concitoyens une des plantes les plus précieuses qui aient été importées en France dans les temps modernes et de dire quelques mots sur la manière de la cultiver.

Le chanvre est jugé : il est d'un intérêt de premier ordre, puisque ses produits sont indispensables aux besoins tant publics que privés. Néanmoins cette plante n'a pas toujours reçu les honneurs qu'elle mérite ; si à des époques on l'a vue couvrir les champs d'une manière presque exclusive, à d'autres aussi elle en a été imprudemment bannie.

Naguère, dans un grand nombre de nos départements, le cultivateur semait à peine du chanvre pour ses besoins domestiques ; mais depuis quelques années qu'a eu lieu l'importation en France du chanvre *du Piémont de la grande espèce*, cette culture semble vouloir reprendre dans nos assolements le rang qui lui appartient, et menacer l'introduction des chanvres étrangers, d'une réprobation générale. Les frais de culture qu'elle exige sont beaucoup inférieurs à ceux du chanvre commun ; elle demande moins d'en-

A

grais, le produit en est presque double. L'importation du chanvre du Piémont est donc un véritable progrès : c'est afin d'en activer la marche, s'il est possible, que j'ose offrir aux cultivateurs le fruit de mes expériences. Ils me sauront gré d'y avoir joint le jugement des agronomes les plus habiles.

Puisse ce faible essai leur être agréable et utile ! Puisse-t-il servir à la propagation d'une plante qui intéresse la société tout entière !

INTRODUCTION.

Dire de quelle utilité est le chanvre est , je crois, peine superflue ; il n'est aucune classe de la société qui ne soit forcée de l'apprécier : sur le trône comme dans la chaumière, la nécessité en est journellement reconnue.

Depuis les rapides progrès de notre industrie manufacturière, on a cherché à remplacer les tissus de chanvre par les tissus de coton; mais l'expérience a eu bientôt démontré le mérite des premiers sur les seconds. Aujourd'hui il n'y a pas de famille qui ne sache combien les toiles de chanvre l'emportent en économie et en durée sur celles de coton.

Ce n'est pas seulement pour la fabrication des toiles à l'usage domestique et pour les voiles de la marine que le chanvre est employé, il s'en fait encore une grande consommation pour le fil servant à la couture, pour les ouvrages de carderie, surtout dans les arsenaux

A 2

de la marine, pour la fabrication des câbles, des funins et d'autres sortes de cordages destinés à l'armement et à la manœuvre des vaisseaux. Cependant la culture de cette précieuse plante, qui devrait être placée au premier rang des produits agricoles, était il y a peu d'années et est encore dans plusieurs départements presque entièrement abandonnée. Quelle est la cause de cet abandon préjudiciable au bien de l'état et au bien-être des cultivateurs? Je ne vois qu'une réponse à cette question sur l'économie rurale : la cause en est au peu d'encouragement qu'accordent depuis fort long-temps à cette production nationale les gouvernements qui se sont succédé.

Les Romains étaient plus intéressés au bien-être des peuples, car ils encourageaient cette culture dans toutes les contrées que leurs armes avaient réunies à leur vaste empire, et nommaient des fonctionnaires publics chargés d'amasser, au nom des empereurs, les chanvres nécessaires aux besoins de la guerre, quoiqu'ils entretinssent des flottes moins nombreuses que les nôtres. Celui qui avait cette charge en deçà des Alpes était appelé procureur du *linifice* des Gaules, et avait sa résidence à Vienne.

Dans des temps plus rapprochés de nous, la France produisait une grande abondance de chanvre. Les provinces où il s'en cultivait le plus étaient alors *la basse Normandie, la Bretagne, la Picardie, la Champagne, le Soissonnais, la Bourgogne, le Dauphiné, le haut Valentinois, la Bresse, le Poitou, l'Anjou, le Maine, le Nivernais, le Berri, le Gatinais et l'Auvergne.* Cette dernière en recueillait si abondamment, dit un auteur ancien, et particulièrement dans cette partie si belle et si féconde, qu'on appelle *la Limagne,* qu'elle était seule en état de fournir aux armements les plus considérables des flottes françaises. Ce fait se vérifia en 1690 et 1691 : les arsenaux de marine de Brest, de Rochefort et du Hâvre en tirèrent toutes leurs provisions, sans que, pour cela, il manquât de cordages pour les bateaux des rivières de la province ou de celles qui en sont voisines (*l'Allier et la Loire*). Les vaisseaux marchands de Nantes s'y équipèrent même cette année-là.

Les Hollandais et les Anglais qui récoltaient très-peu de chanvre à cette époque, en retiraient tous les ans une grande quantité de France, de plusieurs contrées de *l'Italie et du Nord,* ceux *de Riga, Conisberg, de Nar-*

va, *de Courlande*, *et de Moscovie* jouissaient d'une certaine réputation, mais les plus estimés étaient ceux *d'Italie et de France*.

La culture du chanvre recevait alors des encouragements en *France* de la facilité de ses débouchés, qui donnaient une grande activité à son commerce; mais la Compagnie française des Indes, qui convoitait pour ainsi dire, depuis son établissement, *le monopole général* du commerce, n'avait pas perdu de vue le parti qu'elle pourrait tirer de la culture et du trafic d'une plante si nécessaire. Pour s'emparer de cette partie de l'industrie française, les directeurs de cette Compagnie proposèrent dans l'assemblée générale, tenue au mois de décembre 1719, en présence de S. A. R. Mgr Philippe d'Orléans, régent du royaume, de supprimer la ferme de *tabac* comme étant onéreuse à l'Etat, et de rendre cette production libre et commerçable; de détruire toutes les plantations de tabac dans le royaume et d'y substituer le chanvre, que la Compagnie prendrait à raison de 33 livres le quintal, à condition cependant d'en fournir au Roi, à ce prix, pour les besoins de la marine.

Cette proposition ayant été agréée, il fut rendu le 29 du même mois un arrêt du conseil d'Etat du Roi, par lequel S. M. ordonnait que le commerce du chanvre serait libre dans l'intérieur du royaume, mais avec défense de le faire sortir et de l'exporter à l'étranger, sous peine de confiscation et de 10,000 livres d'amende, permettant à la Compagnie des Indes d'établir des magasins sur diverses places du royaume où le chanvre serait reçu à raison de 33 livres le quintal.

Cette concession faite tout en faveur de la Compagnie des Indes, n'ayant pas eu tout le succès que l'on en avait espéré, le 29 mai 1722 il fut rendu un nouvel arrêt du Conseil, par lequel S. M. révoquait celui de 1719, et permettait à tous ses sujets de faire exporter le chanvre, tant celui du *crû* du royaume que celui qui pourrait être tiré des pays étrangers, en payant le droit de sortie.

Mais le Conseil s'étant ravisé et considérant qu'il était dans l'intérêt de l'Etat que le chanvre restât comme auparavant au nombre des marchandises de fraude à la sortie, il fut donné, immédiatement après l'arrêt du 29 mai, un second arrêt par lequel S. M. ordonnait que l'art. 6 du titre 8 de l'ordonnance du mois de février 1687, portant défense de faire sortir le chanvre du crû du royaume, sans permission de S. M., sous peine de confiscation et de cinq cents livres d'amende, serait exécuté selon sa forme et teneur, et que le commerce du chanvre sera et demeurera libre seulement dans l'intérieur du royaume entre les sujets de S. M.

Ce dernier arrêt, qui est du 23 juin 1722, eut l'effet infaillible de toutes les prohibitions de cette espèce, et dégoûta les cultivateurs d'une denrée dont le commerce ne jouissait plus que d'une demi-liberté.

Aussi, dès lors, la France devint-elle tributaire des puissances étrangères, assez heureuses pour que des compagnies privilégiées et des lois prohibitives ne soient point venues comprimer leur élan industriel, source de tant de prospérités dont elles peuvent être animées.

Duhamel et l'abbé Rozier se plaignaient aussi, dans leurs ouvrages, de cette espèce de *monopole exotique*, qui paralysait cette industrie agricole en France. Ils désiraient que le gouvernement encourageât la culture du chanvre par une diminution d'impôt.

L'abbé Rozier a porté plus loin l'intérêt qu'il portait à cette culture en engageant MM. les intendants des provinces à la protéger et à la propager par l'exemple et par des gratifications dans les cantons où elle était ignorée.

Aujourd'hui que nos besoins croissent avec la population, qu'ils sont généralement sentis et appréciés par tous les agronomes sincèrement attachés à leur pays, c'est le cas plus que jamais d'élever la voix avec force contre les graves inconvénients de l'absence de lois protectrices, et de demander qu'il soit opposé une digue à l'envahissement sur nos marchés des produits étrangers. Espérons donc que la sollicitude du gouvernement actuel et les encouragements *des sociétés d'agriculture* seront spécialement dirigés vers cette intéressante culture du chanvre.

C'est surtout aux comices agricoles que nous aimons à adresser nos vœux, parce qu'ils encourageront par l'exemple les cultivateurs timides et routiniers, et que, par des preuves irréfragables, fruit de l'expérience, ils leur apprendront que la semence qui se recommande le plus à leur intérêt est celle du *chanvre du Piémont, dite de la grande espèce*. Alors notre marine et notre commerce cesseront d'être tributaires de l'étranger (1).

(1) La France importe encore, tous les ans, pour plusieurs millions de francs de chanvre de Naples, d'Ancône et du Piémont, par les frontières de l'Est, et de ceux de Riga et de l'Angleterre, par les frontières du nord.

A 5

Mais, dira-t-on, si la culture du **chanvre**, qui nécessite une grande somme d'engrais et un travail particulier, gagne aux dépens des céréales, elle leur portera un préjudice notable et ne saurait satisfaire l'ambition si louable du cultivateur? Je répondrai à **cette** objection : Si la terre que vous avez **préparée** pour le chanvre restait inutile cette année-là, oui; mais si elle ne reste pas en friche, quelle que soit la semence que vous lui confiiez, il faut bien toujours la nourrir de quelques engrais.

Mais il en faudra moins? — Je dirai que *le froment, la pomme de terre, le colza, les betteraves* absorbent plus d'engrais *que le chanvre du Piémont.*

La raison en est simple : dans les betteraves, le colza, etc., une multitude innombrable de mauvaises herbes croît, se **nourrit** et épuise la terre au point qu'elle ne peut donner qu'une récolte subséquente si on **ne lui** fournit de nouvelles forces par de nouveaux engrais. Le chanvre, dont les racines nourricières sont pivotantes, n'a pas cet inconvénient. Son ombrage, étouffant toutes les plantes ennemies, promet des récoltes abondantes pendant plusieurs années. Quant à la main d'œuvre, il est aussi prouvé que le *chanvre* n'exige pas plus de travail que le *froment*, *la pomme de terre*, *le colza*, *la betterave*, etc.

La culture du chanvre convient à tous les cultivateurs ; aux riches, il permet de réaliser, dans l'année même, des bénéfices réels, avantage qui ne se rencontre pas avec les céréales, dont la vente est toujours plus ou moins lente, incertaine.

Ceux qui louent le terrain et payent à tant le jour le travail qu'il exige, devront, il est vrai, borner d'autant leurs désirs ; qu'ils ne se découragent point toutefois : la récompense due à leur travail surpassera celle qu'ils eussent obtenue de toute autre récolte, et ils n'auront jamais le regret de lui avoir donné la préférence.

Le petit fermier assurera à sa famille du travail pour les saisons où il en aura peu et quelquefois point ; il se procurera le moyen de payer son loyer et ses impositions, et, après avoir satisfait à ces obligations, il trouvera encore de quoi subvenir à quelques principaux besoins du ménage, tels que linge, vêtements, éclairage, etc., etc.

TRAITÉ

SUR LE CHANVRE.

———o>·<o———

CHAPITRE PREMIER.

IMPORTATION EN FRANCE DU CHANVRE DE PIÉMONT DE LA GRANDE ESPÈCE.

Au commencement de l'automne 1833, je fis un voyage en *Italie*; en traversant la partie méridionale du Piémont, je fus enchanté à la vue de la petite ville de *Carmagnole*, située au centre des contrées les plus riantes et les plus fertiles de l'ancienne *Cisalpine*. Les souvenirs historiques de cette antique citée, autrefois entourée de fossés et ceinte d'une muraille flanquée de bastions, prise par les Français sous le général *Catinat*, reprise par le prince *Eugène* en 1691; prise de nouveau par les soldats de la république française, qui la détruisirent presque en 1799 et incendièrent l'un de ses plus grands faubourgs, m'engagèrent à y séjourner quelque temps. Cette ville n'est remarquable aujourd'hui que par la douceur du caractère de ses habitants, par son industrie et son commerce en grains, chanvre et soie. C'était précisément à l'époque de la maturité du chanvre *femelle* (1), qui par une anomalie difficile à expliquer est généralement appelé *chanvre mâle*.

En parcourant les riches campagnes qui environnent la petite ville de *Carmagnole*, campagnes couvertes de verdoyantes prairies qu'arrosent par un système d'irrigation très-bien entendu quelques branches du *Pó* et les ruisseaux descendant comme lui de la chaîne des Alpes, peu distante de ces lieux ; en visitant ces immenses pépinières de mûriers à réputation européenne, et ces belles chènevières, dont la hauteur commune dépassaient généralement 5 mètres environ, je fus d'autant plus étonné de l'abondante végétation de *cette espèce de chanvre* nouvelle à mes yeux, que je n'en avais point remarqué de

______

(1) J'ai dit que c'était précisément l'époque de la maturité du chanvre femelle, parce que dans tous les pays où l'on cultive le chanvre en grand, on l'arrache en deux fois, comme j'aurai occasion de l'expliquer ailleurs.

pareil dans ces autres parties du Piémont que j'avais visitées.

Pour connaître la cause de cette particularité, je m'adressai à quelques agriculteurs distingués du pays, qui satisfirent ma curiosité de la meilleure grâce possible, malgré la difficulté de leur langage (1).

Voici ce qu'ils me dirent à ce sujet :

« Nous n'avons aucune donnée sur l'origine » de ce *chanvre*, ni sur son importation dans » nos contrées; mais nous croyons avec quel- » que raison qu'il est d'une espèce particu- » lière. Nous pensons aussi que le terrain sur » lequel nous le semons depuis un temps im- » mémorial (2), et qui est circonscrit sur une » surface de trois milles carrés environ sur » la rive droite du *Pó*, contribue, en partie, » à lui donner cette force de végétation. Nous » sommes d'autant plus disposés à croire cette » supposition, ajoutèrent-ils, que le même » chanvre, transporté sur l'autre rive du » *fleuve*, y dégénère comme lorsqu'il est » transporté dans une contrée éloignée. »

Ayant recueilli ces précieux renseigne-

(1) Le patois piémontais est un mélange d'italien, de français, de tudesque et de celtique.

(2) On cultive le chanvre dans cette partie du Piémont toujours sur le même emplacement.

ments, je me proposais de les vérifier par expérience à mon retour en France. J'empor-
tai, à cet effet, une certaine quantité de
chènevis pour faire mes premiers essais le
printemps suivant ; et c'est le résultat de ces
essais, joints à ceux de plusieurs agronomes
français, à qui j'ai remis de la semence de
cette nouvelle espèce de chanvre que je vais
faire connaître. Mais avant d'entrer dans les
détails de ces expériences, il est bon d'observer que le *chanvre du Piémont* était déjà
connu des naturalistes comme étant une espèce particulière qu'ils ont nommée *chanvre
gigantesque* (CANNABIS GIGANTEA), différant
essentiellement de *l'espèce commune* (CANNA-
BIS SATIVA) ; mais il était presque entièrement
ignoré des agriculteurs français. Cependant
M. Vilmorin en parle avantageusement dans
son *Bon Jardinier*, édition de 1826, à l'article
Chanvre, et raconte les expériences intéressantes qu'en a faites *M. Dupassage*, ancien
maire de *Callouet*.

Par suite des heureux essais de M. Dupassage, quelques agronomes de la *Touraine et
de l'Anjou* cultivèrent ce chanvre avec beaucoup de succès ; et bientôt la culture de la *ré-
glisse, du Fenugrec* et des *graines potagères*,
principaux produits agricoles de ces contrées,

après le vin, fut remplacée par celle du *chanvre du Piémont ;* mais les cultivateurs de ces provinces, habituellement trompés par l'infidélité du commerce, rebutés par l'éloignement de son pays natal et les difficultés opposées à son introduction en *France* (1), étaient sur le point de renoncer à cette culture, lorsque parut, en 1836, dans LE CULTIVATEUR, *Journal des progrès agricoles,* et dans divers autres journaux d'agriculture nationaux et étrangers, *une petite Notice* sur le résultat de mes expériences de plusieurs années. Depuis, cette culture a repris son essor et fournit à notre commerce le beau chanvre connu sous le nom de *broyé fin,* qui rivalise, s'il ne les surpasse pas, les plus beaux chanvres de l'Europe.

Au printemps de 1834, je fis semer dans mon jardin *une planche de chanvre du Piémont de la grande espèce* et *une planche de chanvre commun* du pays, également fumées ; au mois d'août suivant, le *chanvre du Piémont* avait atteint la hauteur de six mètres à six mètres et demi, tandis que le *chanvre commun* n'a-

(1) Les graines de chanvre du Piémont de la grande espèce étaient alors prohibées à la sortie des Etats sardes. Cette prohibition a été remplacée, en 1836, par un droit qui équivaut pour ainsi dire à une prohibition.

vait acquis que celle de deux mètres et demi.

Le printemps suivant, je renouvelai mon essai, mais sans fumer le terrain sur lequel je semai. Le résultat fut que le *chanvre du Piémont de la grande espèce* atteignit la hauteur de quatre à cinq mètres, et le *chanvre commun du pays* celle de deux mètres à deux mètres et demi.

Peu satisfait de ces essais faits dans mon jardin, les tiges du *chanvre de Piémont* étant trop grosses et m'ayant par conséquent fourni une *filasse* trop commune, je tentai une nouvelle expérience, l'année 1836, mais sur une échelle beaucoup plus grande. Le 18 avril, je semai sur une superficie de deux ares environ, sans engrais, sans labours préliminaires, du *chanvre de Piémont de la grande espèce* et du *chanvre commun* à égale quantité. La petite pièce représentait un carré long divisé en trois parties égales par des piquets dans la longueur du levant au couchant, afin que toutes les parties de la *chènevière* pussent recevoir également les rayons du soleil. Une partie a été ensemencée en chènevis de Piémont, une autre en *chènevis de Piémont* récolté dans mon jardin l'année précédente, et une troisième en *chènevis de l'espèce commune.*

Le 2 mai, deux pouces de neige couvraient la terre; à la fin de juillet, le *chanvre du Piémont* avait quatre mètres de hauteur; celui du *Piémont*, de ma récolte précédente, avait environ un tiers de mètre de moins, mais les plantes étaient beaucoup plus fines; celui du *pays* avait à peine un mètre, et encore les tiges étaient-elles tout à fait grêles.

Enfin le tout a produit 48 kilogrammes de chanvre teillé, dont 11 kilogrammes de l'espèce commune de médiocre qualité et 37 kilogrammes de l'espèce du Piémont, première et seconde année, de la plus belle qualité.

M. Auguste Mounier, *directeur de l'institut agricole de la Malgrange près Nancy* (Meurthe), dont j'eus l'honneur de visiter l'établissement dans le courant de 1836, fit insérer cette année-là dans *le Recueil de la Société d'agriculture de Nancy*, dont il est membre, l'article suivant :

« J'ai essayé, cette année, la culture de la
» variété de chanvre connue sous le nom *de*
» *chanvre du Piémont*, et elle a dépassé mes
» espérances. Malgré la sécheresse conti-
» nue, mes chanvres ont atteint trois à quatre
» mètres de hauteur; les ouvriers, chargés
» d'arracher les pieds mâles après la fleurai-
» son, étaient comme perdus dans cette fo-

» rêt et se plaignaient de la fatigue causée
» par la nécessité d'avoir toujours la tête
» levée pour voir les fleurs.

    » *Le chanvre du Piémont* est une variété
» remarquable par la vigueur de sa végé-
» tation. Selon un cultivateur que j'ai eu
» occasion de voir cette année, des pieds
» isolés dans les terrains et les années fa-
» vorables, atteignent sept à huit mètres
» de hauteur. Cette végétation étonnante
» est due aux arrosements, à la fertilité du
» sol et à des circonstances locales qu'il
» n'est pas possible d'indiquer, mais qui
» agissent d'une manière aussi active sur les
» végétaux que sur les animaux. Ce n'est
» qu'en transportant nos chanvres dégénérés
» dans les vallées qui produisent maintenant
» les plantes monstrueuses dont je parle,
» qu'on pourra obtenir les mêmes résultats;
» il faut du temps pour créer les races et
» fixer les variétés (1). Mais aussi ces varié-

(1) La preuve de ce que l'auteur de cet article
avance, c'est que dans un voyage que j'ai fait en Piémont en l'année 1836, j'y portai un kilogramme ou
deux de chanvre commun, qui furent semés sur le
même terrain qui produit la grande espèce, et à sa
maturité le chanvre n'avait atteint que la hauteur de

» tés une fois obtenues conservent pour un
» temps plus ou moins long leur qualité ;
» c'est ainsi que le chanvre dont je parle con-
» tinue pendant plusieurs années à donner
» de beaux produits, qui cependant dimi-
» nuent chaque année dans nos climats, jus-
» qu'à ce qu'enfin on n'obtienne que des chan-
» vres ordinaires.

» J'ai cultivé, cette année, dans le même
» terrain le chanvre du Piémont et celui
» d'Alsace. Le premier avait en moyenne un
» mètre trente-trois centimètres de plus
» que le second. Non loin de là, je trouvais
» un chanvre du pays, semé dans une ex-
» cellente terre et qui avait à peine un mètre
» de hauteur.

» Ainsi on pouvait faire la comparaison :
Chanvre de pays, un mètre ;
Chanvre d'Alsace, environ deux mètres ;
Chanvre du Piémont, environ quatre mè-
tres ;
Le Chanvre du Piémont produit *une filasse*
moins fine (1), mais qui cependant donne un

nos plus beaux chanvres semés avec les mêmes graines dans nos pays.

(2) M. Mounier se trompe à cet égard : en semant
plus épais le chanvre du Piémont de la grande espèce,

fil de ménage très-bon et surtout très-fort. Mais c'est principalement pour la corderie qu'il est recherché, sa force étant à celle du petit et à grosseur égale comme 5 : 7.

Je ne puis pas parler du produit; en apparence, il est beaucoup plus fort que celui des *chènevières ordinaires*.

Dans le courant du mois d'août 1836, j'eus l'occasion de voir *M. le Maire* de la commune de la Ménitray (Maine-et-Loire); il m'invita à voir *ses chènevières*. Nous nous rendîmes dans ses champs, accompagnés de son adjoint. En entrant dans une pièce de chanvre, *M. le Maire* me dit en plaisantant : Prenez garde aux sangliers! En effet l'on aurait dit entrer dans une pépinière de peupliers d'Italie. Les plantes de chanvre avaient en moyenne cinq mètres de hauteur et un grand nombre de pieds atteignaient celle de six mètres et plus.

Je marquai ma surprise à *M. le maire* de ce qu'il avait fait semer son chanvre *si clair*

il donne une filasse infiniment plus fine et plus soyeuse que le petit chanvre commun. Les chanvres des départements d'Indre-et-Loire et de Maine-et-Loire, connus dans le commerce sous le nom générique de chanvre d'Angers, qui sont les plus beaux que la France produise, sont précisément de la grande espèce.

sur des marais depuis peu desséchés dont se composent ses *chènevières*, ainsi que tout le territoire de cette commune naissante ayant à peine dix années de date, et je lui demandai s'il n'aurait pas eu plus d'avantage à obtenir des chanvres moins longs, et, par conséquent, donnant une filasse plus fine. *M. le maire* me répondit : « Ce genre de culture convient aux » contrées où l'on fabrique des toiles à l'u- » sage des ménages ; mais nous, placés près » de la mer et des chantiers de marine, nous » avons un plus facile débouché de nos chan- » vres longs et forts, quoique grossiers, pour » la fabrication des cordages de vaisseaux. » D'ailleurs, ajouta-t-il, le produit net de nos » chanvres de cette nature est beaucoup plus » élevé que celui des chanvres fins. »

Au printemps de 1837, je remis à M. Berlioz, maire du Pont-de-Beauvoisin, 9 kil. *de chènevis du Piémont*, pour être semés dans son enclos après une luzernière, sur une superficie de douze ares cinquante-six centiares. Je fis observer *à M. le maire* que son terrain étant graveleux, il s'y perdrait de la semence, et que cette quantité ne me paraissait pas suffisante. Il répondit que son fermier, habile cultivateur, la trouvait suffisante.

Dans le mois de juillet, M. Berlioz me fit des reproches sur la qualité du chènevis que je lui avais remis, se plaignant que son chanvre était *trop clair*, et qu'il se repentait de n'avoir pas fait semer toute autre récolte. Je lui rappelai alors mon observation et je le priai de me le vendre puisqu'il en était si peu satisfait. *M. le maire* accepta ma proposition, ce qui me fournissait l'occasion de faire une nouvelle expérience, et nous convînmes du prix de 140 fr., le tout à mes périls et risques jusqu'à parfaite maturité. Dans le commencement du mois d'août, un coup de vent cassa une grande partie des plantes les plus tendres, le chanvre avait alors en moyenne quatre mètres de hauteur. Néanmoins, je fis arracher les pieds *mâles* contrairement à l'usage du pays, et je laissai mûrir les pieds *femelles* jusqu'en septembre : la graine étant récoltée, ils furent portés au *routoir* comme l'avaient été les pieds mâles.

Le produit net de ces deux récoltes s'éleva à 213 kil. de chanvre teillé, vendu 90 francs les 100 kil., non compris deux hectolitres et demi de très-jolis chènevis.

Une chose remarquable dans les deux pieds mâles et femelles portés au routoir à un mois d'intervalle, c'est que le *filassier*, en achetant les balles de pieds mâles séparées de celles des pieds *femelles*, ne reconnut ces derniers qu'en les travaillant au peigne. Il est vrai que le temps du rouissage leur avait été favorable aux deux époques.

Au mois d'octobre 1837, je fis défoncer *à la bêche* et à 40 centimètres de profondeur une pièce de terre qui n'avait jamais reçu de labour qu'à la charrue ordinaire et d'autres cultures que celles de céréales. La terre fut mise en tas par sillons d'un mètre de largeur qui restèrent ainsi formés jusqu'au printemps suivant. Au mois de mars, la terre fut étendue *à la houe;* et quinze jours après, le fumier enterré à la bêche. Le 10 mai, on bêcha de nouveau et je semai deux kilogrammes sept hectogrammes *de chènevis du Piémont de la grande espèce* et cinq hectogrammes de *chanvre d'Ancône* que m'avait procuré un ami, négociant à Marseille. Les mottes ayant été cassées au maillet, la herse se promena dans tous les sens. Au mois de juin suivant, une grande quantité de liserons et de raiforts sauvages couvraient la chènevière ; on fut obligé de les arracher à la main. A leur maturité, les chanvres du Piémont avaient atteint la hauteur de plus de trois mètres, tandis que les *chanvres communs* du

B

voisinage, quoique très-fumés, avaient à peine celle d'un mètre 50 centimètres.

Le produit net de cette petite chènevière, arrachée en une seule fois, a été de 50 kilogrammes de chanvre et de quatre kilogrammes cinq hectogrammes de chènevis. Ce produit eût été plus considérable encore si je n'avais pas semé du chènevis *d'Ancône*; car le chanvre qui en est provenu a été beaucoup moins grand quoique plus clair semé que celui *du Piémont*. J'ai attribué cette différence dans ce premier essai sur cette espèce de chanvre qui m'a paru la même que celle *du Piémont*, à la différence des climats.

Plusieurs expériences faites sur le chanvre *de Riga* m'ont à peu près donné les mêmes résultats que ceux obtenus avec les chanvres d'Ancône. On doit probablement l'attribuer aux mêmes causes.

Je crois devoir joindre ici, à mes propres expériences, ainsi qu'à celles céjà citées, faites sur divers points de la France, quelques observations qui m'ont été adressées par plusieurs de mes honorables correspondants.

Voici ce que m'écrivait *M. Ivon, président du comité central de Bordeaux*, à la date du 8 février 1838 :

« La culture du *chanvre du Piémont de la*

» *grande espèce* n'est pas nouvelle dans nos
» contrées ; plusieurs propriétaires l'ont tentée
» et ont obtenu de superbes résultats ; mais
» ils n'ont pas mis assez de soin à conserver
» leurs semences pures, et elles se sont *abâ-*
» *tardies.* »

M. Poulleau aîné, propriétaire à St-Mar-
tin en Bresse (Saône-et-Loire), à la date du
22 février dernier :

« Je suis très-content, Monsieur, de la
» graine de chanvre d'*Italie* que vous m'a-
» vez envoyée l'année dernière ; le chanvre
» a eu près de trois mètres d'élévation ; la
» filasse est très – blanche et beaucoup plus
» forte que celle *du chanvre du pays.* Elle fait
» en outre beaucoup moins de déchet quand
» on la travaille : l'œuvre que j'en ai obtenue
» est très-belle et de très-bonne qualité. »

M. Guruola, propriétaire à Joinville (Haute-
Marne), à la date du 26 mars 1838 :

« Monsieur, j'ai l'honneur de vous dire que
» je suis parfaitement content des divers essais
» que j'ai faits *sur le chanvre du Piémont* de
» la grande espèce, et je chercherai à propa-
» ger cette belle espèce le plus qu'il me sera
» possible. »

M. Billotet, docteur médecin et maire de

St-Laurent de Chamausset (Rhône), à la date du 24 février 1839 :

« Monsieur, j'ai passé chez vous dans le
» commencement de septembre dernier. J'ai
» été privé du plaisir de vous y rencontrer.
» J'aurais été charmé de vous apprendre le
» résultat que nous avons obtenu *des graines*
» *de chanvre du Piémont* que vous avez eu la
» bonté de m'expédier l'année dernière. Un
» de nos principaux propriétaires, à qui j'en
» ai donné une partie, a obtenu des tiges de
» près de trois mètres de hauteur, tandis
» que le *chanvre du pays* n'avait que 1 mètre
» 33 centimètres, l'année n'ayant pas été fa-
» vorable à cette production. »

M. Gardens, *propriétaire à la voûte d'Oz-*
en-Oisans (Isère), à la date du 20 février 1839 :

« A coup sûr, Monsieur, je m'intéresserais
» vivement à propager la culture *du chanvre*
» *du Piémont de la grande espèce* si ma santé
» me permettait d'agir. Cependant, je ne me
» lasserai point d'écrire aux cultivateurs mes
» amis, pour leur communiquer les avantages
» à beaucoup d'égards qu'on peut retirer du
» chanvre de cette espèce.

» Je ne passerai point non plus sous le si-
» lence, Monsieur, le produit et le résultat du
» chènevis que vous m'envoyâtes l'année der-

» nière. Pour mieux en apprécier la différen-
» ce, j'en ai semé la moitié en terre de plaine,
» et l'autre en terre de coteau, l'ayant avoi-
» siné de part et d'autre d'une pareille quan-
» tité de notre *chanvre commun*, toutes deux
» semées à la même heure, sur même terre
» également fumée et préparée. Dans le co-
» teau, celle provenant de votre envoi a excédé
» en élévation la commune de près d'un mè-
» tre; en plaine la différence a été de 50 cen-
» timètres. J'ai reconnu de même qu'il crai-
» gnait bien moins *la sécheresse*, que la fi-
» lasse était plus épaisse et plus soyeuse,
» mais qu'aussi il était plus tardif dans sa ma-
» turité et plus dur au rouissage. Enfin, j'es-
» père renouveler la même expérience, dont
» je vous tiendrai au courant dans le temps. »

M. Ramel, propriétaire au Cheylas (Isère),
à la date du 23 août 1839 :

« J'ai attendu que ma récolte de chanvre
» fut faite pour vous donner des renseigne-
» ments plus positifs.

» Je vous dirai que les graines de chanvre
» du Piémont que vous m'avez adressées le
» printemps dernier, ont donné tout le pro-
» duit que l'on pouvait en attendre cette année
» à cause de la sécheresse. La grandeur du
» chanvre a été de 2 mètres 66 centimètres

» et même de 3 mètres 33 centimètres dans
» les terrains les mieux cultivés; il a été joli
» et très-fin.

M. Jullien Delisle, notaire à Tencin (Isère),
à la date du 28 du même mois :

« Monsieur, j'ai attendu que les chanvres
» fussent sortis du rouloir où ils sont restés
» cette année plus qu'à l'ordinaire, probable-
» ment parce qu'ils ont crû par la sécheresse,
» pour vous faire connaître le résultat des
» graines de chanvre du Piémont que vous
» nous avez adressées, à mon oncle et à moi,
» dans le courant d'avril dernier. Ces résul-
» tats, pour la production, ont dépassé toute
» espérance. Le chanvre a eu de 2 mètres 33
» centimètres à 3 mètres 33 centimètres; il
» est superbe en couleur. Je puis encore vous
» dire qu'en résumé, je suis convaincu,
» ainsi que tous les cultivateurs de notre con-
» trée, que le *chanvre du Piémont de la grande*
» *espèce* est plus avantageux chez nous que
» les nôtres, parce que cette année, malgré la
» sécheresse, ils sont venus très-grands, même
» dans les terrains secs, tandis que les nôtres
» ont été très-médiocres dans les terrains bas,
» et n'ont rien valu dans les terrains secs.

» Enfin, Monsieur, si vous avez besoin d'une
» attestation authentique sur l'immense avan-

» tage en tout genre qu'a le chanvre du Pié-
» mont sur nos chanvres du pays, vous en
» trouverez une *à Tencin*, revêtue de beau-
» coup de signatures, surtout cette année où
» cet avantage a pu être mieux apprécié à
» cause de la sécheresse. »

*Le Président du comice agricole du canton
de Beaufort* (Maine-et-Loire), à la date du
15 septembre 1839 :

. « Monsieur, j'ai l'honneur de vous envoyer
» les renseignements que vous me demandez
» sur le résultat des *graines de chanvre du Pié-
» mont de la grande espèce* que vous m'avez
» envoyées. J'ai consulté toutes les personnes
» à qui elles ont été distribuées. Je vous dirai
» que leurs réponses n'ont pas été aussi avan-
» tageuses que vous pourriez l'espérer. Il est
» vrai que l'année a été extrêmement sèche ;
» aussi vos graines ont généralement mal le-
» vé. Je ne l'attribue qu'à la saison. Ceux
» chez qui elles ont bien levé ont fait une
» récolte avantageuse. Il y a des chanvres qui
» ont atteint la hauteur de 5 mètres 33 cen-
» timètres et 6 mètres. Les graines du Piémont
» sont recherchées dans nos pays ; mais il y en
» a dans le commerce dont on n'est pas tou-
» jours sûr. Je pense que cette année il vous

B 4

» en sera encore demandé. Dans ce cas, j'aurai
» l'honneur de vous écrire à temps. »

M. Versepuy, pharmacien en chef de la maison centrale de détention de Riom (Puy-de-Dôme), à la date du 20 novembre 1839 :

« La demande de *graines de chanvre du
» Piémont* que j'eus l'honneur de vous faire
» était entièrement dans un but d'utilité pu-
» blique ; j'en fis la distribution à vingt pro-
» priétaires, les trois quarts simples paysans.
» Ces derniers, comme je m'y attendais, ef-
» fectuèrent leurs semis dans des sillons con-
» tigus à d'autres qui avaient reçu de la graine
» du pays. Ces propriétaires, éclairés sur le
» phénomène de la fécondation, avaient fait
» choix d'un terrain éloigné de tout autre en-
» semencé en chanvre. Les uns et les autres
» ont été très-satisfaits de leur essai et ont re-
» cueilli avec soin la semence pour en conti-
» nuer la culture.

» Beaucoup de défaveur avait été dirigée
» sur l'emploi de cette variété de chanvre dans
» notre agriculture et principalement la gros-
» seur démesurée des brins, par contre, celle
» de la filasse. L'expérience qui a été faite sur
» un si grand nombre de points a établi que
» cette graine semée dru comme on le fait pour

» le chanvre ordinaire fournit des brins aussi
» déliés que ce dernier.

» Nous avons remarqué qu'il était tout aussi
» sensible aux engrais que tout autre. Cepen-
» dant celui semé dans des terres non fumées
» est arrivé à une hauteur communément de
» 2 mètres, tandis que celui du pays n'a pas
» dépassé 1 mètre 16 centimètres.

» Les récoltes de chanvre sont dans notre
» pays souvent compromises par les sécheres-
» ses, et on ne peut définitivement juger les
» essais qui ont été faits cette année sur le
» *chanvre du Piémont*, année remarquable
» par la continuité de la sécheresse, puisque
» du mois de mai, époque de l'ensemence-
» ment, jusqu'en septembre qu'a été cueilli
» le chanvre, il n'est pas tombé une goutte
» d'eau ; cependant le *chanvre du Piémont* est
» arrivé à 2 mètres 33 centimètres et 3 mè-
» tres dans les terres fumées, et à 2 mètres
» dans celles non fumées.

» La filasse a toutes les apparences pour
» elle, comparativement à la filasse du chan-
» vre du pays. L'emploi n'en a pas encore été
» fait ; je ne puis vous renseigner sur ce point.
» Cependant, à la vue et au toucher on ne re-
» connaît aucune des défectuosités qui avaient
» été signalées. »

B 5

Je pourrais multiplier ici les citations que m'offre ma correspondance avec un grand nombre d'autres agronomes distingués, en faveur de cette intéressante espèce de chanvre, qui, dans les départements *du Haut et Bas-Rhin, de Maine-et-Loire, de la Gironde et de l'Isère*, a donné à peu près les mêmes résultats ; mais je craindrais de fatiguer le lecteur ; il conclura de tout ce qui précède que le chanvre du Piémont, désigné par les *botanistes* sous le nom de *chanvre gigantesque*, CANNABIS GIGANTEA, est une espèce particulière, du moins le *type* originel et bien conservé du *chanvre ordinaire* CANNABIS SATIVA. Ce qui me disposerait à cette dernière opinion, c'est que pendant cinq années consécutives que je l'ai semé sur un terrain clos en divers lieux et très-éloigné de l'*espèce commune*, la dégénérescence a été continuelle. Cette dégénérescence provient-elle du changement de climat ou du changement de terrain naturel à cette espèce ? ou bien provient-elle de ces deux causes réunies ? C'est *un problème* que je désirerais bien voir résoudre si la solution en était possible.

Une chose est à remarquer, cependant, c'est que le chènevis produit *en France* par le *chanvre du Piémont* semé sur certaines terres éloignées du *chanvre commun*, semble s'améliorer, pour ainsi dire, la première année, c'est-à-dire que le chanvre qui en provient donne une filasse beaucoup plus fine et plus soyeuse que celle résultant du chanvre qui l'a produite; mais la filasse pèse moins de plus d'un quart; cependant, *si le chènevis du Piémont, première race* est semé voisin d'un champ ensemencé lui-même en graine ordinaire, il forme avec ce dernier des *hybrides* par le mélange *des pollens* ou poussières fécondantes, et le chanvre commun profite de la perte de son voisin dont la dégénération devient alors très-sensible.

Au reste, le phénomène n'est point particulier à cette espèce de chanvre, il est commun à toutes les semences et surtout à celle de la même famille.

Chaque année je sème en lignes *du maïs blanc du pays et du maïs jaune d'Italie;* j'égalise le nombre des lignes et je les espace de soixante-quinze centimètres ; entre elles je sème *des haricots :* tantôt le nombre égal de lignes *du maïs blanc* se trouve à la droite *du maïs jaune*, tantôt à la gauche, c'est-à-dire, tantôt sur le vent et tantôt dessous. Néanmoins, à la récolte, la majeure partie des épis ne sont ni blancs ni jaunes et participent de ces deux couleurs.

B 6

Or, je pense que si la culture du *chanvre du Piémont de la grande espèce*, était une fois généralement adoptée *en France*, l'on parviendrait, sinon à le conserver dans sa nature primitive, du moins à l'en rapprocher le plus possible, sauf à renouveler *la race* de temps à autre, comme le bon cultivateur doit faire pour toutes espèces de semences en général.

Et pourquoi la culture de cette précieuse espèce de chanvre ne serait-elle pas, un jour, généralement admise par les cultivateurs, puisqu'elle a un avantage aussi incontestable sur *la race chétive* qui est répandue sur toute la surface de la France? Aujourd'hui déjà, comprenant mieux leurs intérêts, ils laissent tomber aux pieds de l'expérience les vieux préjugés contre toute *innovation agricole;* ils renoncent à la routine pour marcher avec les progrès du siècle, et contribuer à améliorer leur position sociale.

Déjà, dans un grand nombre de départements, la marche progressive des améliorations s'est fait apercevoir à cet égard. Naguère, pour les raisons que j'ai données dans l'introduction de ce traité, l'on y cultivait du chanvre à peine pour l'usage domestique. L'incertitude de sa récolte, ai-je dit, l'abondance des engrais que sa culture exigeait , le manque de débouché et le peu de protection que lui accordait le gouvernement , étaient autant de causes qui détournait le propriétaire et lui faisait préférer tout autre genre de culture moins chanceuse et moins précaire. Et depuis le peu d'années que *le chanvre du Piémont de la grande espèce* a été importé *en France* , sa culture est un objet de spéculation , et son produit fait souvent la base du payement des prix de ferme.

CHAPITRE II.

CARACTÈRES DISTINCTIFS DU CHANVRE DU PIÉMONT DE LA GRANDE ESPÈCE.

Le chanvre du Piémont de la grande espèce, CANNABIS GIGANTEA , originaire de *la Perse* , a été probablement importé *en Italie* par quelques *chevaliers chrétiens* au retour des croisades qui, comme le raconte *Michaud,* dans son immortelle histoire de ces temps presque fabuleux, enrichirent les champs et les jardins de *l'Italie et de la France* de plusieurs plantes inconnues à l'occident (1). Ce chanvre est annuel; il croît et meurt en moins de quatre mois et demi. Il est dioïque comme le chanvre commun, *cannabis sativa*, c'est-à-dire, qu'il porte ses deux *sexes* sur deux pieds différents. Les fleurs du pied *mâle*, qui, comme je l'ai déjà dit, est improprement appelé *femelle*, sont à pétales, disposées *en grappes* avec la forme *d'une croix de St-André*. Chaque fleur est penchée et composée de cinq étamines jaunâtres renfermées dans un calice à cinq folioles oblongues, aiguës, obtuses, concaves, purpurines en dehors et blanches en dedans.

(1) Boniface, marquis de Montferrat, envoya dans son marquisat la semence du maïs qui y était inconnue alors. Les magistrats reçurent avec solennité ce don innocent de la victoire, et firent bénir sur les autels une production de la Grèce qu'ils nommèrent perle d'or, et qui devait faire un jour la richesse des campagnes de l'Italie et de diverses autres contrées de l'Europe occidentale. La reconnaissance du peuple de Montferrat ne se borna point à une cérémonie religieuse, les magistrats décernèrent en son nom, à Boniface, une médaille d'argent dans laquelle était incrusté un morceau du bois de la vraie croix, et en dressèrent un procès-verbal en plein conseil dans l'église paroissiale et collégiale de Montferrat, en 1204.

Voyez *Histoire des Croisades*, par *Michaud*, *vol.* 3, *pag.* 246 et 615.

Les étamines sont la partie masculine des fleurs, qui renferme le *pollen* ou poussière ordinairement jaune, qui doit féconder les pieds *femelles*. Le vent, les abeilles, l'attraction et d'autres causes qui nous sont inconnues, portent, à l'époque voulue, ce principe fructifiant sur le *pistil* ou organe féminin du pied *femelle* pour en former la graine. Sans cette manière de fécondation, la graine récoltée serait en vain semée de nouveau, elle ne germerait point. Aussi, la nature très-attentive et dont le but est la reproduction des espèces, a plus multiplié dans le chanvre et dans les plantes qui lui sont analogues, cette poussière fécondante. Une seule plante *mâle* suffit pour féconder un très-grand nombre de pieds *femelles*.

La partie *sexuelle du pied femelle* diffère visiblement de celle du pied *mâle*, en ce qu'elle n'a qu'un *pistil* au lieu de cinq étamines ; le sommet de ce *pistil* est la partie qui reçoit le *pollen* ou poussière fécondante du *mâle*, et va animer l'*ambryon* contenu dans un calice d'une seule pièce, oblong aigu enveloppant la graine jusqu'à son entière maturité (1). Cette graine du chanvre du Pié-

(1) Lorsque le chènevis du chanvre du Piémont a

mont est d'un tiers plus grosse que celle du chanvre commun; elle est composée d'une coque oblongue un peu aplatie, ayant deux côtes très-apparentes, de couleur d'un brun brillant. Lorsqu'elle arrive à sa parfaite maturité, elle renferme un noyau tendre et d'un goût d'amande.

Sa tige pousse droite, seule, sans branches et sans taler ou tracer; elle est rude au toucher, velue, carrée, canaliculée, creuse, articulée, ayant des entre-nœuds moins longs sur les pieds mâles que sur les pieds femelles, et moins longs sur ceux-ci que sur ceux du chanvre commun : sa hauteur varie en France depuis 2 mètres 60 centimètres jusqu'à 6 mètres 50 centimètres, suivant les terrains, les saisons et la manière dont elle est semée; sa hauteur moyenne est de 3 mètres 33 centimètres; sa grosseur subit la même variation.

Sa feuille est alterne et disposée en main ouverte divisée en quatre ou cinq parties beaucoup plus larges et plus longues dès leur naissance, dentelée, vert-brun, rude au toucher, d'une odeur désagréable, mais beau-

atteint sa maturité qui est plus précoce que sur le chanvre commun, le calice qui la contient s'ouvre facilement et laisse échapper la semence, ce qui rend cette récolte très-difficile.

coup moins que la feuille du chanvre commun.

Sa racine est pivotante, blanche, ligneuse, fibreuse et longue quelquefois d'un demi mètre.

L'écorce de sa tige que l'on nomme teille ou filasse, lorsqu'on l'a séparée de la chènevotte par le rouissage, est épaisse, forte, soyeuse et donne un poids d'un quart plus élevé que ne donne la filasse du chanvre commun, toutes choses égales d'ailleurs.

CHAPITRE III.

CULTURE DU CHANVRE DU PIÉMONT DE LA GRANDE ESPÈCE.

Le grand chanvre du Piémont transporté en *France* depuis peu d'années, y est cultivé avec un égal succès sur les quatre points cardinaux ; la filasse égale en longueur, en finesse, surpasse en force les plus beaux chanvres du Nord et de l'Italie ; sa culture ne diffère presque point de celle du *chanvre commun* ; elle n'exige rien d'extraordinaire sous le rapport du sol et des engrais ; tout terrain lui est bon ;

néanmoins, les terres franches et légères, et surtout un sol neuf, sont préférables. Aussi réussit-il très-bien sur les défrichements des prés et même des marais égoûtés.

Ce chanvre a une si grande force de végétation, que semé sur de bonnes terres bien fumées, les plantes deviennent trop grosses et fournissent une filasse trop commune, à moins que l'on ne sème extrêmement *dru*. C'est ce qui explique le mauvais succès de quelques essais faits dans certaines localités, où l'on s'est plaint qu'il devient trop gros et trop grand. Pour s'assurer de la réussite de leurs expériences, des cultivateurs ont cru bien faire en semant dans des jardins un égal volume de chènevis du Piémont et de chènevis du pays; mais l'on n'a pas observé que *le chènevis du chanvre du Piémont* étant beaucoup plus gros que celui *du chanvre commun*, le même volume ne renfermait pas le même nombre. Le cultivateur doit donc avoir égard à cette différence et augmenter le volume ou le poids du chènevis du Piémont, en raison de la grosseur du chènevis de sa localité. Cette différence de quantité de semence devra encore avoir lieu, en raison de la qualité du chanvre que l'on se propose de récolter. Les proportions que mes expériences m'ont permis d'adopter, sont un hectolitre et un quart par hectare, sauf au cultivateur à modifier cette mesure selon la nature de ses terres et le résultat de ses propres expériences.

Le grand chanvre du Piémont joint aux précieux avantages de nécessiter beaucoup moins d'engrais que *le chanvre commun*, en raison de sa grande force de végétation, et d'être moins délicat sur le choix du terrain, d'autres qualités non moins intéressantes ; il craint peu la gelée et la sécheresse, et par conséquent peut être semé beaucoup plus tôt ou plus tard que le chanvre commun (1). La sécheresse lui est si peu nuisible (il craindrait d'avantage une trop grande fraîcheur et surtout l'humidité si utile cependant à nos chanvres communs) que les années 1836, 1837 et 1839 ont été des années d'épreuves à cet égard. Dans toutes les parties de la France, où l'on a semé du *chanvre du Piémont de la grande espèce*, il est

(1) L'année 1837 je fis l'essai de semer un carré de chanvre du Piémont le 24 juin. Je le fis arracher à la mi-août pour être porté au routoir avec celui de ma récolte : il avait alors plus de trois mètres ; mais il était très-tendre ; ce que j'attribuais à son incomplète maturité. J'ai regretté de ne pas l'avoir arraché trois semaines plus tard ; peut-être serait-il venu à son entière maturité.

parvenu à la hauteur de deux à quatre mètres, tandis que *les plus beaux chanvres de l'espèce commune* ont eu de la peine à atteindre **un** mètre à un mètre 33 centimètres.

Dans les plus fortes chaleurs de juillet j'ai examiné la croissance de quelques plantes isolément placées dans mon jardin, elle gagnait de 12 à 15 centimètres par vingt-quatre heures, tandis que celui *du pays* prenait ce que l'on appelle *la fleur* et mûrissait dans cet état. Cette remarque a été également faite par plusieurs cultivateurs de ma connaissance.

Si le *chanvre du Piémont de la grande espèce* n'est pas difficile sur la nature des terres, ni sur la quantité des engrais, il exige des labours profonds à cause de la force et de la longueur étonnante de *son pivot*, qui, aux deux premières feuilles, est de la longueur de 12 à 15 centimètres, selon que le terrain est plus ou moins meuble. Plus le terrain sera profondément remué, plus sa racine pivotante descendra dans le sol et favorisera le développement de la tige ; et plus la terre sera divisée, moins elle sera exposée à la sécheresse et à l'humidité. On doit préférer les labours à bras à toutes les charrues, la bêche à la houe et à la fourche, à moins que la terre ne soit forte : ce labour est plus long et plus pénible, il est vrai, mais il est plus convenable au chanvre. Si l'on objecte que la dépense de labour à la bêche serait beaucoup plus considérable qu'à la charrue, je répondrai qu'il est prouvé qu'un seul homme peut remuer avec cet instrument 600 mètres de terrain à 32 centimètres de profondenr en six jours, qui, à 1 franc 50 centimes par jour, coûteront 9 francs. Le labour à la charrue, sur une pareille superficie, coûte ordinairement 6 francs ; mais il doit être répété quatre ou cinq fois avant de recevoir la semence, surtout dans les terres fortes ; tandis que deux ou trois labours à la bêche suffisent. Un autre avantage bien remarquable de ce labour, c'est que l'on ne perd pas le plus petit espace de terrain ; et si de fortes pluies surviennent, puis une sécheresse, l'eau s'écoule facilement sous le sous-sol, et durant la sécheresse, le pivot de la plante trouvant de la fraîcheur dans le sol profondément remué, la tige continue à croître, tandis que par le labour à la charrue le pivot, rencontrant de la dureté à une petite profondeur, s'arrête, et la plante acquiert une maturité forcée. Aussi, est-il certain que les récoltes obtenues par les terres labourées à la bêche sont triples des autres. Ce qui, je crois, répond suffisamment à l'objection de la dépense. Ainsi, l'on voit

clairement que c'est une économie mal en-
tendue que de labourer à la charrue les chènevières quand elles ne sont pas d'une grande
étendue. Car c'est particulièrement pour la culture du *chanvre du Piémont* que l'on peut citer
le proverbe *que le bon labour vaut engrais;*
j'en ai fait l'application, et je suis demeuré
convaincu que le bon labour fait à propos peut
suppléer au manque d'*une partie du fumier
nécessaire à cette espèce de chanvre.* D'ailleurs,
la terre ne donne beaucoup de fruits qu'à ceux
qui la tourmentent; ces fruits sont le véritable *trésor caché du bonhomme;* on ne peut le
trouver qu'en fouillant la terre.

On dit qu'un labour est profond quand il a
de 28 à 30 centimètres. La culture à bras peut
les donner : la charrue la mieux attelée dépasse difficilement 16 centimètres et demi.

Trois labours sont nécessaires, mais suffisants; les labours *à plat ou en larges planches*
sont préférables aux labours *en sillons ou
billons.* La terre est-elle un peu forte ou froide,
il sera convenable de mettre la chènevière en
buttes par planches de 66 centimètres à 1 mètre de largeur, au premier labour d'automne,
pour les écarter ensuite à la houe dans le mois
de mars. Ce genre de culture réussit parfaitement sur toute espèce de terre; les gelées de

l'hiver les ameublissent considérablement et détruisent les mauvaises herbes. Dans tous les cas, l'on doit éviter de labourer *les chènevières* lorsque la terre est encore imprégnée de l'humidité de la fonte des neiges ou des pluies quelquefois abondantes du printemps; car alors elle *se plombe* et forme de grosses mottes qu'il est difficile ensuite de faire disparaître par les labours subséquents.

Quelques agronomes conseillent d'enterrer les fumiers destinés à la culture du chanvre, au premier labour d'automne; l'expérience m'a encore démontré, dans cette circonstance, que cette méthode ne peut pas s'appliquer à toutes les terres en général, et qu'elle ne convient pas au plus grand nombre. Dans les terres fortes qui exigent du grand fumier, il est consommé et presque absorbé avant le temps de semer le chanvre. Dans les terres légères qui peuvent et doivent recevoir du fumier court et consommé, il s'en perd une grande partie pendant les longues pluies d'hiver et du printemps, qui lavent et entraînent dans le sous-sol ses sels et ses sucs nutritifs. Dans ces deux cas, l'altération et la perte causée par un trop long séjour du fumier dans la terre, porte un grand préjudice à la jeune plante du chanvre qui n'a besoin, pour ainsi dire, de cette nourriture

artificielle qu'au moment de son premier développement. En effet, dès que la plante du
chanvre a formé *son pivot*, elle trouve dans la
profondeur du sol les sucs nutritifs naturels
qui y ont été élaborés par les amendements.
Je préfère donc enfouir les engrais à l'avant
dernier labour qui doit être ordinairement
donné au commencement d'avril, et si le fumier est bien consommé, il suffit qu'il soit enterré quinze jours avant le dernier labour sur
lequel on doit semer, parce qu'alors une partie
du fumier est ramenée à la surface de la terre
et l'embryon de la semence s'en saisit et se développe avec beaucoup plus de force, et c'est
de ce développement plus ou moins prompt
de la végétation du chanvre que dépend en
grande partie sa réussite.

Le chanvre du Piémont de la grande espèce
peut-il se passer d'engrais? Dans le cas contraire, quelle est la quantité qu'il lui en faut,
et la qualité qui lui est propre?

Le chanvre du Piémont, pour les raisons déjà
connues, peut se passer d'engrais lorsqu'il est
semé sur de bonnes terres fumées de *longue
main*. Si on le confie à une chènevière qui en
rapporte tous les ans, comme cela se pratique
dans certaines contrées où l'on cultive le chanvre toujours sur le même terrain, il convient

de le fumer chaque année; mais alors on peut en diminuer la quantité en raison des besoins qu'on lui suppose, et partout ailleurs donnez à la terre si vous voulez qu'elle vous rende. Les fumiers les plus gras, les plus chauds et les mieux consommés sont ceux qui lui conviennent. Néanmoins, je me hasarderai à donner la composition de celui auquel j'accorde la préférence, sauf aux cultivateurs à en apprécier le mérite.

Dès le commencement de l'hiver, je fais réunir dans une marre creusée près de ma chènevière, dans laquelle viennent séjourner les eaux pluviales qui ruissellent le long d'un chemin vicinal, toute espèce d'engrais, tels que fumier de basse-cour, d'écurie, crottins de volaille, cendres de bois lessivées, cendre de lignites, suie, balayures de rues, de cuisine, poussière de galetas, vidanges privées, paille hachées, mauvaises herbes, débris de plantes potagères, etc. Tous les huit ou quinze jours, selon la chaleur de l'atmosphère, ce mélange est mis en tas sur un *tablier* ou emplacement en terre battue sur le bord de la marre et incliné de son côté pour faciliter l'écoulement de la surabondance du liquide contenu dans le tas de fumier; il faut arroser ce tas dès qu'il est nécessaire et en temps opportun. Cette

opération se continue jusqu'au mois de mars.
Alors on cesse de superposer le fumier, et on
le couvre d'une légère couche de terre. Quelques jours avant d'enterrer le fumier, on arrose de nouveau le tas jusqu'à ce qu'il soit entièrement humecté pour être ensuite répandu
sur la chènevière le jour de l'avant-dernier
labour. Etablir une époque déterminée pour
semer, serait induire en erreur. Il est impos-
sible d'en préciser le temps, il est subordonné
au climat et à la température. On doit semer
plutôt dans les plaines que sur les lieux éle-
vés ; non pas que le chanvre du Piémont de la
grande espèce craigne beaucoup les gelées ;
mais parce que, dans le printemps, il est rare
qu'il ne survienne pas quelques bourasques
ou de la grêle, qui entraînent les chènevières
placées sur les terrains en pente quand la grêle
ne les écrase pas. Dans chaque contrée, dans
chaque commune même, l'époque de semer
le chanvre est à peu près déterminée par le
jour de la fête d'un saint : l'expérience a prouvé
assez bien que cette époque était dans un temps
favorable, sans quoi elle n'aurait pu passer en
proverbe. Cette désignation d'époque me paraît plus naturelle que celle prise de la nouvelle ou pleine lune de mars, avril, etc. Ces
phases de lune varient chaque année et peu-

vent apporter un déplacement d'un mois et plus. Sème-t-on trop tôt? on a à craindre les gelées et les neiges ; trop tard? la chaleur peut précipiter la végétation.

Cependant, on peut dire que l'époque la plus convenable sous le climat de la France en général, pour semer *le chanvre du Piémont*, est depuis le 15 avril jusqu'à la fin de mai. Dans certaines localités, l'on sème même jusqu'à la mi-juin ; néanmoins l'expérience a prouvé qu'il valait mieux semer plus tôt que plus tard, au risque de perdre sa semence et son travail. Je conviens que la perte est un peu sensible, mais cette perte se récupère sur la saison, et les plantes de chanvre n'étant pas pressées par la chaleur, s'élèvent davantage et donnent une filasse plus pesante et plus forte.

C'est, en vérité, une grande calamité dans le pays lorsqu'une cause quelconque détruit les chanvres à leur naissance. On ne sait alors comment se procurer de nouvelles semences dont le prix double et triple quelquefois. On ne trouve plus que des graines médiocres ou de mauvaise qualité (1).

(1) C'est précisément ce qui est arrivé l'année dernière dans notre canton. Il s'y est vendu une grande quantité de prétendu chènevis du Piémont, qui n'a

Le cultivateur prévoyant devrait se pourvoir au delà de ses besoins. Si la saison rendait sa prévoyance superflue, il en serait quitte pour vendre le surplus de son chènevis à ceux qui sèment plus tard.

Dans tous les cas, le cultivateur prudent évitera de semer son chanvre lorsque le vent du nord aura desséché la surface de son champ, ou que des pluies froides l'auront refroidie. Il attendra que la terre soit échauffée et qu'un temps *nébuleux* lui ait donné ou lui promette une pluie chaude. Lorsque ce moment précieux se présentera, il fera cesser tous les autres travaux afin d'accélérer son dernier labour, casser les mottes et herser plusieurs fois en sens contraire avec une herse légère à dents de bois, s'il est possible, et un fagot d'épines à l'extrémité, pour ne pas trop enterrer la graine qui pourrirait au lieu de germer. La terre conservera assez de fraîcheur pour faire germer promptement la graine.

Les semailles du chanvre, et surtout de *ce-*

pas germé. Les dupes ont été obligés d'acheter du mauvais chènevis du pays au prix de 75 cent. le demi-kil. ou de renoncer à semer du chanvre cette année. C'est aussi pour ce dernier parti que le plus grand nombre s'est déterminé.

lui du Piémont de la grande espèce dont la graine est beaucoup plus grosse que celle du *chanvre commun*, exigent une main bien exercée. Si le cultivateur n'a pas d'expérience à cet égard, plutôt que de s'exposer à mal faire, mieux vaut emprunter l'habileté d'un voisin que de s'exposer au malheur de perdre une récolte. La graine doit être bien recouverte et peu enterrée.

Malgré toutes les précautions prises pour s'assurer du temps, l'on peut être surpris par de grandes pluies qui tassent la superficie de la terre de manière à n'en former qu'une croûte continue : vite, hersez légèrement; gardez-vous-en s'il y a trois jours que vous avez semé; la graine a germé, vous la détruiriez infailliblement.

Le *chènevis* semé avec les conditions voulues, il faut le défendre contre les attaques des poules, pigeons et moineaux, jusqu'à ce qu'il ait quatre feuilles, pour prévenir le grand ravage qu'y feraient ces animaux; car si quelques graines restent sur le sol, elles les attirent, et, après les avoir dévorées; ils grattent le terrain et découvrent les autres graines pour leur faire subir le même sort. Ils ne se bornent pas là : à mesure que la graine germe, ses deux lobes sortent de terre pour ouvrir un passage à la plante ; c'est le moment le plus à craindre : les moineaux apercevant les coques sur la surface, les prennent pour la semence entière, arrachent la plante dont le pivot n'offre encore qu'une faible résistance, pour la laisser ensuite étendue sur le terrain.

Plusieurs stratagèmes ont été imaginés pour préserver les chanvres d'une destruction qui devient quelquefois générale. Les *fantômes* sont en usage presque dans tous les pays ; mais les oiseaux, moins dupes de cet épouvantail que les personnes qui l'emploient, s'y accoutument et s'en servent de point d'appui pour, de là, se précipiter dans le champ. Le seul moyen capable de les écarter, est donc de leur faire une chasse acharnée à coups de fusil, à moins qu'on ne préfère en donner la garde à un enfant auquel il sera recommandé de faire bonne surveillance.

Je ne parle point des courtilières, des rats de terre, des taupes, tous ces animaux font quelquefois des ravages irréparables dans les chènevières ; c'est à ceux-ci qu'il faut tendre des piéges et faire une guerre prompte et active.

Je ferai observer ici que la levée du *chanvre du Piémont de la grande espèce* n'est pas simultanée comme dans le *chanvre commun* et

qu'elle est aussi plus retardée. En règle générale, lorsque les semailles sont faites à propos, *le chanvre commun* paraît sur terre au
bout du troisième ou quatrième jour; celui
du Piémont, dans les mêmes circonstances,
n'y paraît que le septième ou huitième jour;
quelquefois même quand la température est
froide à la suite des semailles, il ne paraît que
le onzième ou le douzième. On voit qu'il est
facile de se rendre raison de cette différence:
l'embryon du chènevis du Piémont devant
donner une tige plus forte et plus élevée que
celui du chanvre commun, il a besoin d'un
pivot ou racine proportionnés à sa grosseur et
longueur futures. Dans ce cas, le travail de la
végétation sera aussi plus long.

Lorsque le chanvre a pris ses quatre feuilles, choisissez un moment où la terre est
adoucie par une pluie fécondante, pour lui
donner un léger sarclage, arracher les mauvaises herbes qui sortent ordinairement avec
lui et qui l'auraient bientôt dominé dans un
terrain bien préparé; mais ce travail doit être
fait avec beaucoup de soin, pour ne pas dé-
chausser les pieds voisins; on en casserait
infailliblement la faible tige. Permettez-vous
en même temps d'arracher les plantes dans les
endroits où elles sont trop épaisses, pour les

repiquer au plantoir dans les places vides. **Le chanvre commun** souffrirait de ce changement, celui du Piémont ne s'en ressent pas.

Dès lors on n'a plus d'autres soins à donner au *chanvre*, jusqu'à sa maturité, que de le préserver des dégâts que pourraient y faire les gros animaux.

Je ne terminerai pas cet article sans faire connaître une particularité remarquable : c'est que, pendant plus d'un mois depuis *sa levée*, le chanvre gigantesque se présente à l'œil du spectateur sous les formes les plus désagréables, comparativement *au chanvre commun* son voisin, qui aura été semé le même jour, sur le même terrain, avec les mêmes avantages. Tantôt il paraît trop clair semé, tantôt il paraît *végéter* au lieu de croître, son voisin le dépasse d'abord et paraît beaucoup plus fourni ; mais au bout d'un certain temps le chanvre commun s'arrête et prend *sa fleur*, tandis que celui du Piémont, monte avec rapidité, regagne sa supériorité et ne prend *sa fleur* que longtemps après son voisin.

Cette dernière faculté est même un indice certain pour reconnaître *le véritable chanvre du Piémont de la grande espèce*. Il ne fleurira que quinze jours ou trois semaines après le *chanvre commun*, ce dernier eût-il même été semé quelques jours plus tard.

CHAPITRE IV.

RÉCOLTE DU CHANVRE DU PIÉMONT DE LA GRANDE ESPÈCE.

Quand et comment doit-on récolter le chanvre? Cette question qui n'a pas encore été résolue d'une manière bien positive, quoique souvent débattue par nos plus habiles agronomes, restera encore longtemps indécise, en raison des divers usages établis, des circonstances atmosphériques de l'époque à laquelle on fait le semis, en raison de la nature des terres.

Chaque plante végète d'après la loi qui lui a été assignée par l'auteur de tous les êtres. D'après cette loi la plante subsiste jusqu'à ce qu'elle ait rempli le but pour lequel elle est destinée. C'est ainsi que la feuille orne un arbre jusqu'à ce que le bouton ait atteint sa perfection et soit en état de revenir bourgeon l'année suivante; alors la synovie ou sève qui nourrissait l'articulation de la feuille avec l'arbre, se dessèche; la feuille ne recevant plus de nourriture meurt et tombe; elle a atteint son but.

Le chanvre étant *dioïque*, ou ayant ses deux

sexes sur des pieds différents, le pied *mâle*
existe pour vivifier les *embryons* portés sur
les pieds *femelles*. Lorsque la fécondation est
achevée, sa tâche est remplie, et il ne tarde
pas à sécher, tandis que la plante *femelle* sub-
sistera et végétera encore plus ou moins de
temps, suivant le climat et la saison, parce
qu'elle doit nourrir et laisser aux graines le
temps d'acquérir leur pleine croissance et leur
entière maturité pour la reproduction de l'espèce.

Le pied *mâle* du chanvre de toute nécessité
doit mûrir plutôt que le pied *femelle*; c'est
un effet dans les plantes annuelles dû à la
soustraction plus prompte de la sève. Aussi
à mesure que les tiges mâles du chanvre ap-
prochent de leur maturité, leur belle couleur verte pâlit, jaunit, et se changerait
enfin en couleur brun-foncé, si on les laissait
longtemps sur pied. Les feuilles s'inclinent
peu à peu, jaunissent et se flétrissent (1).

Il est beaucoup de contrées et notamment
dans les départements de l'*Est* de la France,
où l'on conserve l'usage d'arracher ensemble
les deux pieds de chanvre, à la maturité du
pied *mâle*, en laissant seulement quelques

----

(1) Nos cultivateurs appellent *linsettes* les plantes qui
arrivent à cet état.

pieds *femelles* autour de la chènevière pour en recueillir la semence dont on a besoin ; et comme les pieds *femelles* laissés aux bords des chènevières sont ordinairement chétifs, *grè-les* et courts, à cause du peu de sels qu'ils y ont sucé et du mauvais état du terrain, cette habitude vicieuse explique très-bien la dégénération de l'espèce.

Cette méthode condamnée par tous les hommes sensés, joint à l'inconvénient de ne récolter que peu ou point de chènevis, celui d'avoir toujours une semence qui donne une race abâtardie, celui non moins préjudiciable à la qualité et au produit d'un chanvre que l'on porte au routoir une partie arrivé à sa maturité et une autre qui en est encore loin. Comment ne reconnaît-on pas une pareille erreur contre les lois de la nature, erreur qui cause à ceux qui s'y abandonnent un aussi grand dommage ? Comment peut-on se persuader que la plante *femelle* n'atteignant ni sa maturité ni sa grosseur et sa longueur, ne perde point de sa force, de sa finesse, de son poids et de sa qualité ? Mais ici comme ailleurs la routine et le préjugé l'emportent sur le bon sens et la vérité.

C'est plutôt fait, dira-t-on, et plus économique. D'ailleurs en arrachant le chanvre en

deux reprises, les eaux sont trop froides à l'é-
poque de la maturité des plantes *femelles*.

Il est difficile de répondre à ceux qui ai-
ment tant à expédier le travail en le faisant
mal ; s'ils prenaient la peine de réfléchir à
leurs propres intérêts, ils ne tiendraient pas
ce langage si peu logique. Je pourrais, sans
beaucoup de peine, leur démontrer que la
dépense occasionnée par un second arrachage,
non-seulement ne dépassera pas la perte que
la filasse éprouvera en détérioration, en qualité et en quantité, mais qu'elle ne l'atteindra
jamais. Cette expérience que j'ai faite moi-
même, est trop facile à répéter, pour qu'il
soit nécessaire d'insister sur ce fait.

Dans tous les pays où l'on cultive le chanvre en grand, l'on arrache les pieds *mâles*
lorsqu'ils sont mûrs : ce que l'on reconnaît à
leur belle couleur jaune, alors que la poussière des fleurs tombe en abondance en tou-
chant les tiges.

Cette opération qui, au premier coup d'œil,
paraît très-délicate à cause du danger de casser les plantes *femelles*, n'offre pourtant
aucun inconvénient si elle est pratiquée par
des mains tant soit peu habituées à ce genre
de travail. Je l'ai vu faire avec intelligence
en *Italie* et dans les départements du centre

de la France : l'ouvrier, en arrachant les pieds *mâles*, a soin de ne point endommager les plantes à graines ; il rassemble en poignées un certain nombre de tiges qu'il dépose hors de la chènevière, en reprenant toujours, pour sortir, le chemin par lequel il est entré.

Les caractères dont on vient de parler, indiqueront aussi le temps de la maturité des pieds *femelles*; elle arrive ordinairement un mois après celle des pieds *mâles*. Le collet de la racine devient blanc, les tiges de couleur fauve, les feuilles jaunes, flétries et tombantes, la semence bien formée et visible dans quelques enveloppes. La maturité des graines ne saurait être également parfaite sur le même pied, surtout si, dans le temps de la fleuraison, il est survenu des pluies ou des vents froids, cas où la fleuraison a été suspendue, et le temps nécessaire à la perfection de la graine veut cette intermittence. Outre ces retards accidentels, les fleurs qui se succèdent ne paraissent jamais au même jour, et celles des houppes inférieures sont toujours plus précoces que celles des supérieures, etc.

D'après ce détail, on voit combien il est essentiel de récolter, d'arracher les plantes *femelles* avec soin, de ne point les endommager et d'éviter les secousses, afin que la

graine la plus mûre ne tombe pas en pure
perte sur le sol. Le bon économe couvre une
partie de son champ avec des draps, des toiles destinées à recevoir les tiges à mesure
qu'on les arrache. Si ses moyens ne lui permettent pas de faire usage de ces toiles, il
aplanit et nivèle une portion de son champ,
comme une aire à battre le blé, afin d'éviter
la perte des graines; ou bien il récolte les
tiges à la rosée, les porte près de sa demeure,
les expose au soleil et sur un lieu propre;
l'humidité de la rosée renfle le calice et y re-
tient la graine. Il en serait autrement, si on
laissait ces tiges accumulées; l'humidité ne
se dissiperait pas et la graine en souffrirait.

Dès que les plantes *femelles* ont été dépo-
sées sur des draps ou sur l'aire, on les lient
également par poignées, on les bat avec une
baguette et on secoue les têtes; on les étend
ensuite par rangées, tête contre tête en les
exposant aux rayons du soleil, ayant soin de
couvrir les tiges, afin qu'elles ne soient pas
trop sèches lorsqu'on les portera au routoir;
on les retourne plusieurs fois dans la journée;
on les range en javelles, le soir, après avoir
de nouveau battu et secoué. Le lendemain on
recommence l'opération, et ainsi de suite,
jusqu'à ce qu'on ait retiré toute la bonne

graine ; ce qui doit être fait le plus promptement possible, pour ne pas laisser sécher trop longtemps les tiges, comme il est dit ci-dessus.

S'il survient des pluies au moment de la récolte des plantes *femelles*, qui ne permettent pas de les exposer au soleil pour obtenir la graine dans un délai plus court, on pourra dresser les poignées en les arrachant, soit sur le terrain même, soit sous un abri, en écartant, par le bas, trois parties des tiges en forme de trépied pour les soutenir debout. Aussitôt qu'elles sont un peu sèches, on les rassemble en tas ou faisceaux de dix à douze poignées sans les presser : les plus hautes poignées sont placées dans le milieu. On couvre leurs têtes avec des herbes, des broussures de la chènevière ou de la paille en forme de capuchon, pour les préserver de la pluie et des oiseaux ; on bride ce capuchon, afin que le vent ne l'enlève pas. Sous cette couverture, la plante femelle achève de mûrir sa graine ; mais il faut se garder de les laisser longtemps dans cet état ; elles ne doivent y demeurer que jusqu'à ce que le temps permette de les battre pour en retirer le chènevis et former les javelles que l'on portera aussitôt au routoir. Trois ou quatre jours suffisent, car un séjour prolongé amènerait une fermentation offrant d'abord pour premier inconvénient celui de la perte du chanvre qui alors, à la vérité, est à peine propre à faire des cordages; mais celui bien plus grand d'échauffer la graine par une maturité forcée.

Que l'on arrache ensemble ou séparément les deux pieds du chanvre, dans l'un et l'autre cas, ce travail doit être fait avec beaucoup de précaution pour ne pas casser les tiges qui sont encore tendres, car les plantes cassées joignent au désagrément de gêner l'arrachage des javelles et du rouissage, celui de ne pouvoir presque jamais se redresser; il se forme une espèce de *calus* à l'endroit de la cassure, et à la sortie du rouissage, la plante casse en deux et la teille en est perdue. Lorsque cet accident arrive à quelques plantes, il convient de les séparer des autres pour en former une javelle à part. Pour prévenir cet inconvénient, l'ouvrier doit avoir soin d'arracher plusieurs plantes à la fois, en choisissant autant que possible les plantes de la même longueur, qu'il battra légèrement contre l'un de ses pieds pour détacher la terre des racines, et lorsqu'il en aura réuni une petite brassée, il la déposera sur-le-champ derrière lui; il réunira plusieurs de ces brassées pour en former des javelles ; elles auront de 30 à 33 centimètres de diamètre ; plus elles seront petites, mieux le chanvre rouira. L'arrachage étant fini, les javelles seront liées avec deux liens de paille, si le chanvre a 3 mètres de hauteur, l'un près du haut des tiges, et l'autre à 33 centimètres environ de distance du collet des racines. S'il a plus de 3 mètres de hauteur, il convient de donner aux javelles un troisième lien dont on connaîtra l'avantage lorsqu'on les mettra dans le routoir ou qu'on les en sortira. Cette petite précaution épargnera beaucoup de peine, empêchera en même temps la cassure des tiges.

M. Valmont de Bomare s'est trompé en disant qu'il faut couper la tête et les racines du chanvre avant de le mettre rouir. C'est un travail non-seulement long et inutile, mais encore désavantageux ; c'est une perte réelle sur la quantité et sur le poids de la filasse très-bonne jusqu'à l'extrémité supérieure ; il est vrai que celle de la racine ou de la partie voisine est plus grossière, mais le filassier la sépare aisément sur les peignes et en forme une qualité que l'on nomme *têtes*, qui, quoique inférieure à l'autre, ne laisse pas que de se filer ou de servir à des cordes d'emballage. Dans nos pays, ces *têtes* s'emploient à faire des couvertures de lit pour les pauvres familles.

Le chanvre doit-il être porté au routoir immédiatement après qu'il a été arraché ? C'est encore une question irrésolue jusqu'à ce jour.

L'abbé Rosier, et avec lui les auteurs de l'*Encyclopédie*, croient que le rouissage du chanvre est meilleur en faisant sécher ce dernier sur terre pendant quelques jours. *Duhamel* est d'un avis contraire, et recommande de porter le chanvre au routoir aussitôt qu'il est arraché. Le savant agronome désirait même qu'il fut arraché avant sa parfaite maturité, donnant pour motif que le chanvre étant encore tendre, le parenchyme glutineux qui lie la teille à la chènevotte, se détache plus facilement, et que plus le rouissage est prompt, plus la filasse est belle.

Sans m'arrêter à l'une ou à l'autre de ces décisions, l'expérience m'a démontré qu'à la vérité, le chanvre mis dans le routoir aussitôt qu'il a été arraché, donne une filasse beaucoup plus blanche que celle qu'on a mis sécher pendant quelques jours ; mais qu'il perd beaucoup de sa force et de son poids. En conséquence, je serais de l'avis que lorsque le chanvre a atteint son entière maturité, il put être porté au routoir immédiatement ; mais que le chanvre crû sur un terrain trop gras, ou trop fumé, ou trop clair semé, enfin celui qui, pour une cause quelconque, reste vert quoique ayant atteint le terme de sa maturité, doit alors être exposé au soleil, étendu contre un mur, une haie ou sur la terre, pour lui faire prendre du *corps*, si je puis m'exprimer ainsi, avant de le porter rouir. Au reste, l'expérience est la meilleure conseillère en pareille occurrence.

Après avoir parlé de la culture du chanvre *du Piémont de la grande espèce*, son écorce doit nous occuper spécialement, puisque c'est la partie la plus précieuse de la plante. Je vais donc en donner une explication anatomique avant de parler de son rouissage : lorsqu'elle est parvenue à sa maturité, elle recouvre un tube ligneux appelé *chènevotte*, et cette écorce qui a plusieurs plans de fibres ou couches corticales longitudinales, s'étend du bout de la racine au haut de la tige ; les plans s'écartent entre eux pour laisser passer les queues ou pétioles des feuilles. Les fibres de cette écorce sont très-contiguës latéralement ; elles le sont aussi dans leurs épaisseurs ou couches corticales ; toutes sont recouvertes par une autre membrane mince

et transparente sur la plante dans son état
herbacé ; mais cette transparence disparaît
dans sa virilité. Alors elle se colle ou adhère
intimement à l'écorce ; c'est un ruban sans
trame, composé de fibres flexibles, très-dé-
liées et faibles, pris chacun séparément, rompant avec peine dans sa largeur et se divisant
avec facilité dans sa longueur. Il faut un peu
plus d'attention pour voir ou séparer les différents plans ou couches superposées de ces
fibrilles. Telle est la conformation de la plante
du chanvre lorsqu'elle a atteint sa maturité.
Le point essentiel est à présent de démontrer
que le but du rouissage est de rompre l'adhésion ou attraction des fibres avec la chènevotte, qui, par leur union, constituent l'é-
corce du chanvre. Cette adhésion a lieu par
l'intermédiaire d'une espèce de colle ou gluten, et forme dans le végétal vivant un parenchyme ou substance ordinairement verte
et organisée, appelée tissu cellulaire à cause
de l'assemblage de ses réseaux qui lie chaque
fibrille et chaque faisceau de fibres entre eux,
dont les mailles ou petits interstices sont plus
étroits du côté du bois que de celui de l'épiderme ; elles semblent aussi, par le dehors,
prendre un des principes de leur existence de
la lumière qui les colore. Les plantes étiolées

ou privées du soleil sont peu colorées, mais dans celles qui sont mortes ou mûres, ce qui est absolument la même chose, cette substance glutineuse n'a plus aucune fonction à remplir; elle se dessèche, se durcit, augmente l'adhérence de la fibre qu'elle enveloppe, au point qu'une écorce sèche est cassée, brisée, presque aussi facilement dans tous les sens.

La vraie théorie du rouissage doit donc être l'*étiologie* ou la relation raisonnée des moyens d'enlever cette colle ou gluten, de l'isoler de la partie fibreuse de l'écorce en lui conservant toute sa force et son élasticité, ainsi que les autres qualités que la nature lui a données. La perfection du rouissage serait même de lui en faire acquérir, en la tannant, pour ainsi dire, sans nuire à sa force, à sa flexibilité, à son éclat et à sa finesse. Il faut donc chercher la menstrue qui soit le meilleur dissolvant du gluten, sans l'être de la fibre, afin de la lui appliquer convenablement; mais le choix du meilleur dissolvant ne suffit pas, il faut encore choisir le plus commode et le moins dispendieux.

Beaucoup d'autres plantes herbacées participent de la nature et de la conformation de celle du chanvre, et peuvent fournir de la filasse par le rouissage, telles, par exemple, que diverses espèces de lianes, le houblon, le jonc d'eau, le genêt, l'ortis, etc.; mais soit que l'on ne puisse les cultiver, soit habitude, soit, ce qui est plus probable, que leur filasse n'en soit pas aussi bonne ni aussi lucrative, elles n'ont pas été mises en usage. Les essais qui en ont été faits en divers temps et en divers lieux n'ont servi qu'à prouver la supériorité du chanvre.

CHAPITRE V.

ROUISSAGE DU CHANVRE DU PIÉMONT DE LA GRANDE ESPÈCE ET SES DIVERS PROCÉDÉS.

La théorie des procédés mis en usage dans les différents arts, suppose nécessairement la connaissance des principes constituants des corps qui y sont soumis et des agents qu'on y emploie. Pour pouvoir discerner avec fruit ce qui se passe dans le rouissage du chanvre, il est nécessaire de déterminer la nature de la substance qui unit entre elles les fibres corticales de ce végétal.

Une routine aveugle a toujours conduit cette opération, et les ouvrages mêmes qui parlent du chanvre, ne renferment rien de complet à l'égard du rouissage. Le plus grand nombre des auteurs ne voit dans cette opération qu'un moyen simple de séparer la partie corticale de la partie ligneuse; aucun ne rend compte de l'altération qui opère cet effet.

Cependant, *Marcandier*, dans son excellent Traité du chanvre (1), définit le rouissage : *Une dissolution proportionnée de certaine quantité de la gomme qui lie toutes les fibres du chanvre entre elles, et de celle qui les attache à la paille.* Or, il est facile de s'apercevoir que le rouissage n'est pas seulement une dissolution, ou si l'on veut, une pure extraction du gluten ou partie gommeuse du chanvre, puisque dans celui roui à sec, en plein air, la séparation des fibres corticales a également lieu, quoique cependant il n'y ait aucune extraction de la partie gommeuse.

L'abbé Rozier, célèbre par les services qu'il a rendus aux sciences, en admettant l'existence d'une substance gommeuse et sa dissolution produite par l'eau de la végétation, attribue la séparation de l'écorce d'avec la chènevotte, à la fermentation de la partie

______

(1) Traité sur le Chanvre, par Marcandier, p. 58.

mucilagineuse qui détruit l'adhésion et la cohérence du *gluten* (1). Cette altération, ou pour mieux dire, cette décomposition des parties de la gomme que les connaissances chimiques de l'abbé Rozier lui ont fait présumer, paraît d'autant plus vraisemblable que le chanvre est plus tôt roui par la chaleur que par le froid, et, par conséquent, plus tôt dans une eau tiède que dans une eau froide, parce que la fermentation augmente en raison de la chaleur atmosphérique de l'eau.

Du reste, le *gluten* du chanvre n'est-il absolument composé que d'une substance gommeuse? Il me semble que la poussière qui se détache pendant le teillage et le battage, et incommode si fort les ouvriers, est une preuve du contraire.

Le *gluten* du chanvre n'est point une pure gomme; l'eau, dans ce cas, serait suffisante pour l'enlever entièrement; une simple macération de quelques heures et un lavage, l'extrairait facilement.

Le rouissage à l'air, dans les lieux où les rivières, les ruisseaux et les étangs manquent, serait alors une opération ridicule, puisqu'il suffirait d'avoir un puits et d'en ti-

____

(1) Dict. d'Agriculture, par Rozier, tom. **3**, pag. **8.**

rer de l'eau qui dissoudrait promptement la partie gommeuse. J'en ai moi-même tenté le moyen; le mauvais succès m'en a prouvé l'inutilité. Le chanvre traité ainsi, au lieu de devenir doux au toucher, devient raide comme du crin, parce que l'eau froide durcit, loin de dissoudre le gluten.

Cette matière glutineuse n'est pas non plus une résine, l'alcool qui dissout la résine, n'opère point la séparation des fibres de l'écorce du chanvre.

Afin donc de pouvoir prononcer sur ce qui se passe dans le rouissage, je m'étais proposé de répéter les expériences qui ont été faites à cet égard, et de faire l'analyse de cette matière; mais mes occupations à l'époque de la maturité du chanvre, un voyage en *Italie* que je renouvelle toutes les années à cette époque, m'ont forcé de recourir aux services d'un de mes confrères.

Voici le rapport qu'il m'a fait de ses expériences :

« J'ai fait bouillir dans de l'eau distillée » un hectogr. d'écorce de chanvre à sa ma- » turité et aussitôt après qu'il a été arraché; » j'ai passé la liqueur au travers d'un linge et » j'ai réitéré les décoctions jusqu'à ce que le » chanvre ne communiquât plus aucune cou-

D

» leur à l'eau. J'ai réuni toutes ces décoc-
» tions, je les ai évaporées au *bain-marie* jus-
» qu'à siccité, et j'ai obtenu un extrait brun
» qui pesait 117 décigr. J'ai introduit cet ex-
» trait dans un flacon de cristal, bouché à
» *l'émeri*, j'ai versé dessus 31 grammes d'éther
» sulfurique, dans un instant il s'est légère-
» ment coloré en jaune qui s'est considéra-
» blement foncé au bout de quelques jours.

» La dissolution dans l'eau de la matière
» contenue dans l'écorce du chanvre, prouve
» donc, sans aucun doute, la présence d'une
« matière gommeuse, mais aussi la teinture
» fournie à l'éther dénote l'existence d'une
» substance résineuse.

» Voulant déterminer dans quelle propor-
» tion cette substance résineuse se trouvait
» combinée à la partie gommeuse, j'ai mis
» dans un matras 625 décigr. d'écorce de
» chanvre, sur lequel j'ai versé une suffisante
» quantité d'alcool rectifié pour que le chan-
» vre fût entièrement couvert; j'ai fait digé-
» rer le tout à un petit feu pendant vingt-
» quatre heures : l'alcool s'est légèrement
» coloré; j'ai filtré la teinture et reversé sur
» le chanvre de nouvel alcool, jusqu'à ce
» qu'il n'en ait extrait aucune teinture. Ayant
» alors réuni toutes les teintures filtrées, j'ai

» retiré tout l'alcool par la distillation dans
» un alambic de verre, et j'ai trouvé au fond
» de la cornue une résine qui avait une odeur
» de chanvre si forte, qu'elle en était nauséa-
» bonde ; elle pesait 261 centigrammes. Cette
» résine dissoute dans l'éther sulfurique lui
» communique une belle couleur jaune, ce
» qui prouverait que l'alcool n'a pas dissout
» entièrement toute la résine ; soit que la
» combinaison des parties gommeuses et des
» parties résineuses soit trop intime entre
» elles, soit que lorsqu'une portion de la ré-
» sine est séparée, les parties gommeuses de-
» venant surabondantes, couvrent le peu de
» résine qui reste et empêchent l'action dis-
» solvante de l'alcool. »

Selon toute apparence, mon honorable confrère ne s'est pas rendu compte dans cette
opération du principe de l'odeur nauséabonde
que laissait échapper la résine qu'il a obtenue
de la distillation de ses teintures alcooliques,
huile aromatique dont cette plante abonde.
On aperçoit jusque dans sa chènevotte même,
lavée et taillée, que l'alcool ne peut la dissoudre et qu'elle est soluble dans l'éther sulfurique qu'elle colore.

La matière qui lie la partie corticale du
chanvre et sa partie ligneuse est une sub-

stance *gommo-résineuse*, dans les proportions
d'un tiers de résine sur deux tiers de gomme
combinée à une huile essentielle *sui generis* à
cette plante dont les proportions ne sont pas
connues, qui en s'échappant, soit avant, soit
après le rouissage, exhale cette odeur fétide
et nauséabonde qui lui est propre.

D'après ces expériences et les connaissances
que nous avons déjà des altérations dont la
substance *gommo-résineuse grasse* du chanvre
est susceptible, je pense qu'il n'est pas difficile d'expliquer ce qui se passe dans le rouissage. En effet, l'eau dans laquelle on le met
macérer doit d'abord s'introduire dans les
vaisseaux contenant le gluten combiné, ou
entre les fibres qu'il unit; la partie gommeuse
dissoute prend le mouvement de fermentation qui lui est propre et qui la décompose,
la fibre qu'elle unissait rendue libre et pour
ainsi dire à elle-même par cette fermentation,
peut bien aisément se séparer d'une autre
fibre; mais la résine qui est unie avec le
corps gras, n'étant pas susceptible du même
mouvement fermentatif reste intacte et dépose sur ces fibres qu'elle colore et auxquelles
elle adhère fortement, une portion de cette
résine combinée, comme je l'ai dit, avec une
huile aromatique particulière au chanvre qui,

mêlée et répandue dans l'air, ainsi que la poussière provenant des *détritus* de l'épiderme, est portée dans les vésicules pulmonaires par la trachée-artère, où elle excite ces oppressions suffocantes, ces toux convulsives; en un mot, tous les accidents fâcheux qu'éprouvent les ouvriers qui teillent, battent et peignent le chanvre.

Pour se convaincre que les choses se passent comme je viens de le dire, on n'a qu'à se transporter près d'un routoir quelques jours après que le chanvre y a été entassé dans l'eau, l'on y verra une infinité de bulles qui crèvent à la surface. Ces bulles, formées par le dégagement du gaz acide carbonique, augmentent avec le degré de fermentation et amènent avec elles, soit quelques parties résineuses grasses, soit quelques parties de la vase formant à la surface de l'eau une pellicule huileuse assez épaisse laissant échapper à l'air libre cette odeur fétide portée au loin par les vents. Il s'agit donc de trouver un corps qui, en s'unissant avec cette résine huileuse, forme une combinaison, puisse la détruire, la séparer des fibres comme la partie gommeuse l'a été par le lavage. C'est ce que je traiterai en parlant des divers procédés du rouissage.

La dissolution et l'altération de la partie *gommo-résineuse grasse* ne sont pas les seules conditions nécessaires pour opérer la séparation entière des fibres du chanvre, il faut encore que le tissu cellulaire soit détruit. On sait que les couches corticales du chanvre, comme celles de presque tous les végétaux, ne sont formées que par des faisceaux de fibres longitudinales qui dans leurs entrelacements laissent des cavités ou espèces d'alvéoles, assez larges du côté de l'épiderme et fort étroites vers la partie ligneuse; que les alvéolves sont remplies par ces utricules constituant vraiment le tissu cellulaire, dont la continuité, depuis le bois jusqu'à l'épiderme, joint et unit ensemble toutes les couches corticales. On sait que ces utricules ne sont qu'une expansion de vésicules médullaires qui se prolongent par des rayons divergents du centre à la circonférence et doivent être regardées comme l'organe digestif des végétaux. C'est dans ces petites vésicules que le principe vital de la plante élabore ou pour mieux dire combine, à sa manière, l'eau que les vaisseaux lymphatiques reçoivent de la terre par la voie des pores absorbants des racines, avec l'air et la matière inflammable que les trachées pompent dans l'atmosphère.

Là, la sève se transforme en un suc propre, qui, porté ensuite dans toutes les parties du végétal par la voie des vaisseaux, lui donne le goût, l'odeur, en un mot, les différentes propriétés qui distinguent les plantes les unes des autres.

En conséquence, la réunion des couches s'opérant par la pression qu'exercent sur elles les vésicules du tissu cellulaire, l'extraction simple ou la destruction des sucs que ces utricules contiennent, n'opérerait point l'entière séparation des fibres, si, en même temps, on ne détruisait le tissu fin des vaisseaux qui constituent la membrane mince de ces espèces de sacs ou vessies. Or le mouvement fermentatif qui s'excite et commence dans le tissu cellulaire est seul propre à produire cet effet, car par l'expansion du fluide élastique qui se produit ou se dégage, il doit dilater et délier entièrement les vésicules. Chaque couche, ou faisceau de fibres longitudinales, est donc dégagée des entraves, ou, si l'on veut, du point d'attache qui l'unissait à une autre couche ou faisceau de fibres. Ainsi dans le rouissage, non-seulement le gluten, ou partie gommeuse, est extraite et altérée, mais encore les vésicules du tissu cellulaire sont détruites par l'expansion qui s'excite dans le

mouvement fermentatif opérant la destruction des parties glutineuses.

L'analyse que nous a fournie les expériences de mon honorable confrère, et les expli-
cations que j'ai données sur la nature des parties constitutives du chanvre, nous démon-
trent évidemment que l'on peut en perfectionner le rouissage par l'emploi d'agents qui,
en détruisant le corps glutineux et les mem-
branes du tissu cellulaire, puissent encore extraire la résine huileuse du chanvre ou la détruire. Ce moyen, pour être adopté en pratique, doit être économique et facile, et on
ne peut remplir ces deux objets qu'en ajou-
tant à l'eau, qui est le dissolvant naturel du
gluten, un corps qui ait de l'affinité pour la
résine et l'huile volatile avec laquelle elle est
unie.

CHAPITRE VI.

ROUISSAGE A L'AIR OU A LA ROSÉE.

Le manque d'eau, l'éloignement des rivières, des ruisseaux, ont éveillé l'industrie de
l'homme ; il s'est créé plusieurs méthodes de

rouissage : celui à l'air est peut-être le premier qui ait été mis en usage.

Il y a plusieurs manières de rouir le chanvre à l'air, et toutes ont leurs inconvénients. La première consiste à étendre les javelles contre un mur ou contre une haie, à mesure qu'on les amène du champ, en sorte que chaque tige reçoive les rayons du soleil et jouisse de l'influence de l'atmosphère ; mais les javelles placées ainsi sont plutôt desséchées que rouies ; le courant d'air, réuni à la chaleur, augmente l'évaporation et hâte trop la dessiccation.

La seconde est de coucher les tiges sur terre et encore mieux sur un pré nouvellement fauché ; les rosées y sont plus fortes, et plus d'humidité pénètre le gluten. Quand il pleut, la terre éclaboussée sur les tiges, voir même la trop grande humidité, tache la filasse, la pourrit quelquefois, surtout si l'on néglige de les tourner souvent. Ces taches disparaissent difficilement et diminuent la valeur du prix de la filasse, quand elles ne la détruisent pas entièrement.

Quelle que soit la méthode que l'on suive, il faut retourner les tiges deux fois par jour, pour que les agents atmosphériques opèrent également sur elles ; on les retourne avec une perche le matin et le soir, et si l'on peut, on les arrose dans les sécheresses.

Le principal défaut de ce rouissage est que le gluten n'éprouve qu'un faible degré de fermentation. Ce sont plutôt des lavages et des dessiccations renouvelées par les pluies, les rosées, les arrosements, la fraîcheur humide des prés ou de la terre pendant la nuit, l'exsiccation enfin, et la chaleur du soleil pendant le jour, qu'un rouissage proprement dit. Ces alternatives durent et sont répétées pendant longtemps, quelquefois plus d'un mois avant d'opérer ce rouissage. Aussi, si le gluten de la plante peut en être dissout, entraîné en partie par ce moyen, suivant les circonstances favorables, cet avantage est dû aux principes alcalins répandus dans l'air atmosphérique dont on connaît l'attraction avec les parties grasses des plantes privées du principe de vie. L'action des rosées chargées en abondance de ces parties alcalines, produit la dissolution du gluten; la même cause fait dissoudre la partie colorante, résineuse, grasse ou huileuse de la cire jaune, lorsqu'on la fait blanchir. Par ce moyen encore, la soie devient presque aussi blanche que celle de *Nankin*, en faisant travailler le vers au grand air, sur des mûriers en plein vent ou en espalier. Enfin, c'est la même cause qui blanchit les fils et les toiles, en suppléant aux solutions alcalines artificielles.

Il est une seconde méthode de rouir sur la prairie nouvellement fauchée : on y étend le chanvre et on le laisse pendant la nuit seulement ; l'opération commence au moment du coucher du soleil. Le lendemain, avant que le soleil paraisse et pendant que le chanvre est chargé de rosée, on l'enlève complétement, on l'amoncelle en un même tas qui est recouvert aussitôt avec de la paille. Dès que le soleil commence à disparaître de dessus l'horizon, on étend de nouveau le chanvre comme la première fois, et l'on continue ainsi de suite jusqu'à ce qu'il soit parfaitement roui.

Il est aisé de reconnaître, dans cette opération, que la rosée qui contient des principes alcalins, pénètre le gluten des tiges ; que les tiges réunies ensuite en tas, doivent éprouver une plus forte fermentation que par les méthodes précédentes, puisqu'en s'opposant ainsi à l'évaporation d'une grande partie de l'humidité, par la paille dont on couvre le tas, l'on y excite un certain degré de chaleur. Ce moyen, quoique bien plus coûteux, à cause de la main d'œuvre, est cependant préférable aux deux autres, lorsqu'on veut obtenir une belle et bonne filasse.

Il est aussi des contrées où à l'époque de la maturité du chanvre les pluies abondantes de l'automne ou la précocité de l'hiver empêchent de le faire rouir. Aussitôt que le chanvre est arraché, on le porte sous des hangars à grands courants d'air ; on l'y dresse le long des murs en le retournant jusqu'à ce qu'il soit entièrement desséché. Puis on le transporte dans un lieu sec pour l'y conserver jusqu'au printemps suivant. En mars, au moment où la neige menace de disparaître entièrement, on étend le chanvre dessus en observant les mêmes règles que s'il était étendu sur un pré, et dans peu de jours le chanvre est roui et donne une filasse très-blanche et de très-bonne qualité.

Cette opération ne s'explique pas aussi facilement que la précédente, car la neige ne peut aider à aucun mouvement de fermentation pour faciliter la dissolution du principe gommeux. Ce n'est donc qu'à la grande abondance des principes alcalins contenu comme on sait dans la neige du printemps, que l'on peut attribuer la dissolution des principes *gommo-résineux huileux*, dans ce genre de rouissage. J'ai moi-même pratiqué cette méthode de rouissage sans l'avoir voulu : j'avais conservé jusqu'au printemps quelques javelles de chanvre non roui. Dans le courant d'avril, je les fis étendre dans mon jardin pour les y faire rouir à la rosée ; le lendemain la neige tomba en abondance, et mon chanvre fut enseveli dessous ; il y resta quinze jours, après quoi la neige commença à fondre. Je crus d'abord qu'il était perdu, que l'humidité de la terre et celle de la neige l'avaient pourri ; mais après l'avoir visité, il me sembla dans le même état qu'il y avait été mis. Je le fis retourner, et au bout de quelques jours seulement, il devint très-blanc et était parfaitement roui. Mais au teillage, je reconnus qu'il avait beaucoup perdu de sa force et de son poids.

Quelle que soit la méthode que l'on suive, le cultivateur reconnaît que le chanvre est roui, quand, en prenant une tige et la cassant par le milieu, la filasse se détache facilement d'un bout à l'autre de la chènevotte.

CHAPITRE VII.

ROUISSAGE A SEC POUVANT SUPPLÉER AU ROUISSAGE A L'EAU.

Cette méthode de rouir est bien simple et à la portée du cultivateur le moins intelligent, pourvu, cependant, qu'il soit habitué à connaître les différens degrés du rouissage du chanvre, parce que la perfection des procédés de l'agriculture tient moins à la théorie qu'à l'habitude et à la pratique. On ne doit donc pas être surpris si l'on ne réussit pas complétement dans les premiers essais du procédé que je vais indiquer, et qui consiste à renfermer dans une fosse creusée en terre la quantité de javelles de chanvre que l'on veut rouir, et de les recouvrir d'un pied de terre; le chanvre y subit une espèce de macération qui est une véritable fermentation. La destruction entière du végétal, et sa conversion en fumier aurait lieu, si, comme dans le rouissage à l'eau, on l'y laissait trop longtemps. Il est donc utile d'arrêter cette fermentation au degré nécessaire où la filasse se détache facilement de la chènevotte, c'est-à-dire, quand le chanvre est roui.

Cette méthode exige quelques détails, attendu que les fosses peuvent varier de grandeur et de largeur; car l'on peut employer les fosses qui sont déjà construites pour d'autres usages, telles que celles pour des fumiers ou des réservoirs d'eau, pourvu qu'elles soient propres et sèches. Celles à fumier accélèrent l'opération, à cause des principes de fermentation qu'elles contiennent. Les fosses murées ne paraissent pas aussi avantageuses que celles à parois en terre, à cause de la grande humidité qu'elles retiennent; cependant on pourrait s'en servir, si elles étaient bien desséchées.

Si la fosse dont on fait choix était très-large, il faudrait recouvrir le chanvre d'une couche de terre de plus d'un pied d'épaisseur, pour qu'il y eût une plus grande circulation d'air et de gaz dans son intérieur. Il faut encore s'opposer aux éboulements de la terre entre les javelles et conserver la propreté dans la fosse. On parviendra à ce but en tapissant le fond, les côtés et la surface avec des joncs ou de la grande paille qui retiendra la terre et empêchera qu'en se déplaçant elle ne se mêle aux javelles.

La terre avec laquelle on forme la couverture devenant trop sèche , on arrosera. Il est
clair qu'on a eu soin d'établir la fosse près
d'un endroit où il se trouve de l'eau nécessaire au lavage des javelles, lorsqu'on les retirera, à moins que le terrain soit sec ou graveleux , car il absorberait l'humidité indispensable aux plantes, et la sécheresse empêcherait ou retarderait beaucoup la macération
que l'on se propose d'obtenir.

La fosse étant préparée comme il a été dit,
on y arrangera les javelles sur leur plat, sans
les tasser, têtes contre pieds, en égalisant les
longueurs ; l'on placera au centre et perpen-
diculairement , un certain nombre des plus
grandes tiges qui traverseront la masse des javelles , et dont les têtes s'élèveront au-dessus
de la fosse. Ces tiges indiqueront à tout moment où en est le rouissage.

Le chanvre enfoui ainsi , est macéré et fermente réellement , d'abord très-lentement ,
ensuite beaucoup trop vite si l'on ne le sur-
veille pas avec une grande exactitude. Le gaz
acide carbonique qui se dégage par la fermentation , parcourt la masse et se combine avec
le gluten des plantes dont il est un bon dissolvant ; il reste uni avec l'humidité qui trans-

sude de la plante, si elle a été déposée dans la fosse aussitôt qu'on l'a arrachée, ou qu'on lui ait communiqué cette humidité par l'arrosage.

L'état de la fosse, la nature de sa terre, celle du chanvre, peuvent faire varier la durée du parfait rouissage. C'est pourquoi, lorsqu'il sera avancé, c'est-à-dire, au bout de huit jours que les javelles auront été mises dans la fosse, on en retirera souvent une ou deux tiges pour s'assurer du progrès de la fermentation, et le point auquel il importe de l'arrêter. Ce point se fait rarement attendre trois semaines, et la fosse se trouve débarrassée lorsque vient le temps de la remplir de nouveau avec les pieds femelles ou à fruit, en supposant que la récolte se soit faite en deux fois.

Lorsque les tiges indicatrices annoncent que le rouissage est à son point de perfection, on découvre la fosse pour en sortir les javelles. On les lave ensuite pour les faire sécher, comme il sera dit ci-après en traitant du rouissage à l'eau.

L'année dernière, à la maturité des pieds *mâles*, j'arrachai indistinctement trois javelles du même poids, de pieds *mâles* et de pieds *femelles*. La première fut portée immédiatement dans un routoir à eau courante ; la seconde et la troisième étendues sur un pré nouvellement fauché. Au bout de quatre jours, je battis la tête de la seconde sur le pré pour en séparer les feuilles et les fleurs qui avaient séchées au soleil, et la fis porter au routoir; on continua de faire rouir la troisième sur le pré, ayant soin de la retourner quand il était nécessaire; huit jours après que la première javelle eut été mise à l'eau, elle en fut retirée, le chanvre étant suffisamment roui; elle fut étendue sur la terre et deux jours après retirée. La seconde resta douze jours dans le routoir avant que le chanvre fut roui; on l'en sortit alors, on la mit sécher et on la retira comme la première. La troisième resta vingt-un jours sur le pré avant d'être rouie. Toutes les trois javelles furent teillées séparément par la même personne et avec les mêmes soins : le chanvre de la première qui avait été portée au routoir après avoir été arrachée, a donné une filasse très-blanche; celle de la seconde qui avait séchée quatre jours avant d'être mise dans le routoir, était moins blanche, mais beaucoup plus forte et plus soyeuse que la première. Le chanvre de la javelle rouie à la rosée, fournit un brin très-délié, mais faible, cassant et de couleur brun foncé. Les trois filasses pesées séparément, donnèrent le résultat suivant :

Le chanvre mis à rouir aussitôt après avoir été arraché, fournit 8 1/2 ;

Celui qui avait séché avant d'être porté au routoir, 9 ;

Et le troisième, roui à la rosée, 7 1/2.

D'après ces expériences et beaucoup d'autres faites par d'habiles cultivateurs, que je passe sous silence, parce que la pratique en a rejeté l'usage, tous les procédés de rouissage indiqués précédemment ne peuvent, dans aucun autre cas que celui d'impossibilité, être préférés au rouissage à l'eau. En effet, l'humidité que l'air, la rosée, la neige et la gelée fournissent, agit trop lentement sur le gluten du chanvre, qui ne peut être ni assez promptement ni suffisamment délayé, pour recevoir le mouvement fermentatif qui doit le détruire; ce mouvement ne peut y être que lent, partiel; il est même probable qu'il ne s'y établit jamais, et que la destruction de ce gluten n'est, comme je l'ai déjà dit, que l'effet des dissolutions et des lavages successifs qu'il éprouve.

Mais dans le rouissage à l'eau, préférable dans tous les cas, on distingue celui qui se fait dans les eaux courantes, de celui qui a lieu dans celles qui sont stagnantes.

Le rouissage par la gelée que quelques auteurs agronomes ont proposé de faire, doit
également être rejeté, car, si les méthodes
déjà indiquées pèchent sur tant de points,
celle-ci mérite à peine le soin de la décrire.
La filasse obtenue par elle, a de la blancheur
et de la finesse, il est vrai, et peut fournir de
belles toiles en apparence, mais elles sont d'un
blanc mat, sans nerf, faibles et cotonneuses.

Elle consiste à exposer à l'action de la gelée, le chanvre trempé dans l'eau froide. Cette
opération ne peut pas être considérée comme
un rouissage ; c'est une division mécanique
des parties, sans dissolution chimique, et qui
se fait uniquement par la propriété que l'eau
acquiert en se congelant, de contenir une plus
grande quantité d'air et d'occuper par conséquent un plus grand volume dans cet état,
qu'à l'état liquide, ce qui fait qu'elle brise les
vases qui la contiennent. La fibre du chanvre
ou filasse se divise certainement, ou plutôt
s'éclate par ce moyen ; mais cette division n'a
pas lieu seulement entre une fibre et l'autre,
il se fait un déchirement dans sa continuité
même. Lorsque la plante dégelée de suite,
sèche à l'air ou par la chaleur, la filasse aban-
donne assez mal sa chènevotte ; la résine n'a
pas pu être séparée du gluten, parce que ce

dernier n'a éprouvé ni fermentation ni dissolution. Le gluten subit bien un commencement de dissolution par l'humidité de l'eau, mais comme cette dissolution n'a pas été complète, elle reprend consistance en séchant. Aussi, la filasse que l'on obtient par ce procédé, est comme vernie, c'est ce qui lui donne de l'éclat; sa force s'évanouit par ce vernis. Le blanchîment des toiles préparées avec le fil de cette filasse, exige des lessives plus fortes, plus réitérées, et devant rester plus longtemps sur le pré; leur éclat se dissipe encore avec le vernis, et il ne reste qu'une espèce de charpie.

Si cet essai avait réussi, il est probable que tout autre rouissage aurait été rejeté; il eût été préféré lors même qu'on ne l'eût appliqué qu'au fil.

CHAPITRE VIII.

ROUISSAGE A L'EAU.

Doit-on faire rouir le chanvre dans l'eau courante ou dans l'eau dormante? Laquelle de ces deux méthodes est la plus avantageuse? Personne, dit encore l'*abbé Rozier*, n'a donné la solution de ce problème ; on a tâtonné, on a roulé autour de la question ; l'incertitude n'en subsiste pas moins. Malheureusement on n'a pas assez connu, point assez étudié le véritable principe duquel il convenait de partir.

Le savant *Duhamel* donne la préférence au rouissage dans l'eau croupissante, parce que, dit-il, la filasse en devient plus douce. *Marcandier* préfère l'eau la plus belle et la plus claire, surtout celle des rivières, parce que le chanvre en est plus blanc, plus fort, et qu'il donne moins de déchet dans son travail.

La société d'agriculture de Bretagne s'est beaucoup occupée de la culture et de la préparation du chanvre. Voici ce qui est résulté de ses travaux et comment s'explique un de ses membres expérimentés.

« Dans les années froides et pluvieuses, la
» plante du chanvre doit être faible et plus
» herbacée ; dans les années sèches, elle doit
» être plus forte, mais en même temps plus
» ligneuse. Pourquoi se flatter que les mêmes
» eaux, appliquées à des productions si diffé-
» rentes, produiront un effet aussi avantageux
» sur les unes que sur les autres ? Pour écar-
» ter toute incertitude à cet égard, on a fait
» arracher du chanvre dans différents endroits

» de la province, et on l'a pris en différents
» états : l'un avait été recueilli avant la ma-
» turité ; l'autre, dans le temps de la matu-
» rité même ; et le troisième, plusieurs jours
» après. Chacun des paquets des trois espèces
» de chanvre fut divisé en deux parties égales,
» dont l'une fut mise à rouir dans l'eau cou-
» rante et l'autre dans l'eau dormante ; ils fu-
» rent ensuite peignés avec un très-grand
» soin et examinés avec la plus scrupuleuse
» attention par une personne qui connaissait
» parfaitement les défauts et les bonnes qua-
» lités de cette matière.

» 1° On a remarqué une différence sensible
» entre le chanvre arraché dans les trois états
» dont on a parlé ;

» 2° Tous ceux qui ont roui dans des eaux
» courantes sont, sans comparaison, plus
» blancs que ceux de même qualité qu'on a
» rouis dans des eaux dormantes ;

» 3° Les paquets arrachés avant la matu-
» rité sont ceux qui ont acquis le plus haut
» degré de blancheur ;

» 4° Les chanvres les plus blancs ont donné
» moins de déchet total, en rassemblant celui
» de chaque préparation en particulier; mais
» ceux qui avaient roui dans des eaux dor-
» mantes ont fourni une plus grande quantité

» de premier brin, et les grands déchets n'ont
» porté que sur des préparations inférieures ;
  » 5° Les chanvres qu'on aurait jugé les
» meilleurs et les plus beaux avant d'être pei-
» gnés ne se sont pas toujours soutenus dans
» l'opération du peigneur. Ceux qu'on avait
» d'abord regardés comme médiocres et même
» inférieurs, se sont trouvés les plus beaux
» et les meilleurs après avoir été peignés. »

Quoi qu'il en soit des expériences faites par la société d'agriculture de Bretagne, à laquelle j'ai emprunté cette description, je n'en persiste pas moins à croire que le chanvre roui à l'eau courante, toutes choses égales d'ailleurs, l'emporte sous tous les rapports sur le chanvre roui à l'eau dormante, me fondant pour cette préférence, sur ce que les chanvres rouis dans la *Loire*, depuis *Orléans* jusqu'à *Angers*, sont, sans contredit, les plus beaux et les plus forts de tous ceux connus en Europe, et les préférés sur tous nos marchés.

On sait, en effet, que les végétaux ne sont en entier qu'une matière mucilagineuse qui acquiert plus ou moins de dureté ou de sécheresse par l'âge. Si on les expose réunis en tas dans une eau chaude stagnante, la chaleur qui s'en empare peut altérer la constitution

des fibres corticales elles-mêmes par la fermentation trop précipitée de la partie mucilagineuse qui les lie. Aussi dans ces sortes de
rouissage, il arrive rarement que le chanvre
soit roui d'une manière convenable, malgré
la vigilance des cultivateurs : ou il l'est trop,
ou il ne l'est pas assez; s'il l'est trop, le chanvre perd de sa qualité et de son poids; s'il ne
l'est pas assez, le même résultat a lieu en
raison inverse, et si l'on expose ces mêmes
végétaux dans une eau stagnante froide,
comme je l'ai vu pratiquer en divers lieux et
entre autres dans le *Piémont*, la fermentation ne s'opérant que fort lentement ou pas
du tout, la partie *résino-huileuse* reste unie
au chanvre, le gluten ne s'en détache que
par une immersion prolongée et seulement
en partie. Alors, quoique la partie corticale
se détache facilement de la partie ligneuse, la
filasse reste verte et de médiocre qualité.

Dans le rouissage à l'eau courante et chaude
les choses se passent différemment; les eaux
des rivières et des ruisseaux sont toutes plus
ou moins alcalines; les eaux courantes sont
les plus propres au lavage des lessives, en ce
qu'elles dissolvent mieux le savon. La fermentation y est moins brusque, car à mesure
qu'elle se développe par la dissolution du mu-

E

cilage ou gluten, une nouvelle eau qui afflue sans cesse entraîne nécessairement toutes les parties muqueuses altérées ou détruites. Cette lotion succédant rapidement et pour ainsi dire instantanément au mouvement qui altère une portion de la résine huileuse par ses principes alcalins, celle-ci est également entraînée à raison de son extrême division et de son union avec le gluten.

Le chanvre roui dans l'eau courante chaude sera plus blanc, plus beau et d'autant plus fort que les fibres n'ont point été endommagées par la chaleur que le tassement et la fermentation excitent dans une eau stagnante.

Les eaux stagnantes étant presque toujours bourbeuses, la fermentation qui s'opère dans le chanvre augmentant la chaleur de l'eau, il s'ensuit un dégagement très-grand de gaz hydrogène contenu dans la vase. Les bulles de ce gaz s'élèvent du fond à la surface, entraînent naturellement les parties les plus légères de la vase, qui, long-temps suspendues dans l'eau, se déposent enfin sur le chanvre et le salissent. Il y aurait un moyen de parer à cet inconvénient dans les lieux où l'on ne pourrait pas faire autrement, c'est-à-dire là où il n'y aurait que des eaux croupissantes. Ce serait de placer d'abord son chanvre sur un bon lit de paille et de l'entremêler ensuite couche sur couche. Ce procédé très-simple préserverait le chanvre de la vase et on pourrait l'obtenir blanc.

La supériorité du rouissage à l'eau courante étant donc reconnue, il me reste à en démontrer la pratique. On objecte ordinairement contre ce genre de rouissage l'éloignement des rivières et des ruisseaux, la qualité des eaux et particulièrement les dangers que l'on a à redouter de l'impétuosité fortuite de leurs cours après les pluies d'orage, et celles trop continues à l'époque de la maturité du chanvre, parce qu'alors, dit-on, si la masse des javelles n'est pas emportée, il est à craindre aussi que cette masse ne soit ensevelie sous le sable, d'où quelquefois l'on ne pourra la retirer qu'après une trop longue fermentation qui en aura opéré la destruction entière ou en partie.

Il me semble que l'on eût prévenu ces inconvénients en formant des radeaux sur les grandes rivières rapides et à bords profonds, avec des bottes de chanvre bien solidement attachées avec des perches, et que l'on charge suffisamment pour que l'eau les recouvre sans qu'ils touchent le fond de la rivière; ces radeaux sont ensuite amarrés par un ou plusieurs cordages comme les bateaux, soit en arrêtant ces cordages à des arbres voisins, soit en plantant sur le bord de la rivière des piquets solidement fixés en terre. De cette manière, lorsque les eaux croîtront subitement, le radeau s'élèvera sur elles, et lorsqu'elles décroîtront, le radeau baissera; dans tous les cas, il serait toujours facile de retirer le radeau sur les bords de la rivière, en cas de danger, et de veiller au degré de fermentation.

Dans des petites rivières ou dans des ruisseaux, on rencontre très-ordinairement des coudes formant une marre ou routoir naturel; ils offrent beaucoup moins de dangers, et l'eau y est toujours plus chaude.

Plus la marre sera petite, eu égard à la quantité de chanvre, moins elle contiendra un grand volume d'eau, et plus promptement le rouissage sera achevé.

Le choix du local fait, détournez le cours de l'eau, videz la marre s'il est possible, l'arrangement à sec sera plus commode, la fermentation s'opérera d'une manière plus uniforme que s'il reste des lacunes, des espaces vides entre les javelles.

Plantez ensuite de forts pieux aux quatre angles de l'espace que doit occuper la masse à rouir ; placez-en un ou deux sur chaque face, à égale distance , dans la ligne du centre , pour correspondre avec les autres.

Puis, arrangez les javelles suivant leur longueur et leur degré de maturité ; on agira de même pour les javelles grosses et les fines. Sans cette précaution , le rouissage des unes serait complet, tandis que celui des autres ne le serait pas. Elles doivent être rangées dans le routoir sur quatre faces et sur quatre rangs de hauteur, de sorte que les racines des unes et les têtes des autres se joignent et se touchent. Les rangées seront liées les unes aux autres par des liens de paille , assujetties au-dessus par de longues perches fixées aux piquets. De nouveaux rangs de javelles sont disposés à la file , de nouvelles perches, et ainsi de suite.

Mais dans cet arrangement de javelles, il ne faudra pas perdre de vue que celles de la partie supérieure sont plutôt rouies que les inférieures , et celles du milieu que celles des côtés. La fermentation étant plus active dans le centre, les javelles de dessus sont dans une eau plus échauffée que celle du fond, parce que l'eau chaude étant plus légère que la froide, surnage. D'ailleurs, la chaleur du soleil agit plus directement sur l'eau des couches supérieures que sur celles des couches infé-

E 3

rieures. Il en résulte donc que le rouissage des javelles supérieures est achevé, lorsque celui des inférieures ne l'est pas. On doit encore observer que le chanvre vert et gros est moins longtemps à rouir que le vert et fin; le vert moins que le jaune; le long moins que le court; la racine moins que la tête qui est la partie de la plante la plus difficile à rouir; et le chanvre arraché et séché, met beaucoup plus de temps à rouir que celui qui, arraché à propos, est immédiatement porté au routoir.

En conséquence, le bon rouisseur doit placer les javelles les plus tendres à la partie inférieure de l'eau, les plus difficiles à rouir, dans le milieu et à la superficie, puisque c'est là que s'établit la plus forte fermentation, que se prépare la meilleure filasse, et comme aussi elle s'y détériore plus vite, si le rouissage est trop prolongé.

Lorsque toutes les javelles sont rangées ainsi, on en couvre la superficie avec une légère couche de paille que l'on charge avec du sable propre, ou des planches sur lesquelles on pose des pierres, afin que l'eau ne soulève pas la masse, et de manière cependant qu'elle la recouvre de 15 à 18 centimètres. On rétablira le cours de l'eau pour en remplir le routoir, sans ouvrir le dégorgeoir que l'on aura établi au-dessous pour le vidage. L'eau recouvrant la masse comme il a été dit précédemment, on en supprimera de nouveau le cours pendant deux ou trois jours, selon la chaleur de l'atmosphère, pour laisser établir la fermentation ; après quoi, l'on rétablira ce même cours, et on ouvrira le dégorgeoir pour laisser échapper les immondices qui pourraient être montées à la surface, et qui, en s'écoulant progressivement, empêchent au moins, en grande partie, l'infection que laisse exhaler le chanvre roui dans l'eau dormante. On doit encore, autant que possible, laisser un espace autour du tas, afin de surveiller le rouissage, et pour que, dans le cas d'un dérangement dans la masse, les hommes qui se mettent à l'eau puissent remédier à l'accident, sans prendre un bain des plus désagréables. Je l'ai déjà dit, et on ne saurait trop le répéter, qu'en fait d'agriculture, il n'est pas possible d'établir à la rigueur, une loi générale ; car, toutes celles en ce genre sont sujettes à de grandes modifications, si l'on ne veut pas s'exposer à bien des mécomptes. Dans le *nord* de la France et de l'Europe, le chanvre végète longtemps, mûrit difficilement ; sa fibre est plus faible, quoique quelquefois plus longue

E 4

et plus grosse. Au *midi*, à l'*est* et au centre de la France, la chaleur y étant plus forte, la végétation est plus rapide, la fibre de la teille plus fine et plus forte. Le *chanvre du Piémont de la grande espèce*, semé en France, vient confirmer cet exemple; il ne craint pas la chaleur, au contraire, il la désire ; aussi sa teille est-elle infiniment plus fine, plus forte et plus soyeuse que celle du chanvre commun venu dans les mêmes lieux. On doit donc conclure que la longueur du rouissage doit varier suivant le canton, le terrain sur lequel il a crû, son exposition et la température de l'époque pendant sa végétation et pendant son rouissage. Le cultivateur de chanvre doit ici imiter le bon vigneron qui goûte plusieurs fois dans le jour la liqueur de sa vendange qui fermente dans sa cuve, pour s'assurer des progrès de la fermentation, et saisir le point juste de son complément.

Le rouisseur doit également, dès qu'il suppose que la fermentation est commencée, tirer tous les jours plusieurs tiges de son chanvre, examiner ou en est le rouissage. Le chanvre est trop roui si, en rompant les tiges, l'écorce s'en sépare facilement en un seul brin, dans toute leur longueur. Il faut, au contraire, qa'en faisant cette opération, l'on éprouve une

légère résistance, que l'écorce ne se détache
de la chènevotte qu'en faisant un brin fourchu
vers le tiers ou la moitié de la longueur de la
tige. Cette faible résistance cède ensuite entièrement à l'opération de l'étendage, vu que
l'absence totale du gluten, par une fermentation trop prolongée, serait aussi funeste et
même plus nuisible à la qualité de la filasse,
que sa surabondance, puisque, dans le premier cas, on pourrait y remédier par un étendage prolongé, tandis que dans le dernier il
n'y aurait pas de remède.

Le véritable point indiqué, trouvé, il faut
aussitôt retirer le chanvre du routoir; après
avoir bien lavé les javelles, les ranger en py-
ramides sur le bord pour en faire un peu écouler l'eau avant de les délier et de les étendre,
et y employer le plus de bras possibles pour
accélérer le travail. On doit éviter de les transporter au loin, sur une voiture ou à bras, pour
éviter de les froisser et de casser les tiges.
Toutes ces raisons font préférer un routoir,
qui offre la faculté d'étendre ses javelles autour de lui.

Le chanvre en sortant du routoir exige des
soins particuliers : c'est la dernière main d'œuvre de cette récolte, et souvent la plus difficile à opérer, les pluies abondantes qui tom-

bent ordinairement dans cette saison sont un obstacle à cette dessiccation. Aussi est-on obligé alors d'avoir recours à des moyens dispendieux, si l'on ne veut pas s'expser à perdre, dans quelques jours, le fruit de son travail et de tant de sollicitudes.

Dans les départements méridionaux de la France et dans ceux qui les avoisinent, la chaleur du soleil étant encore forte dans les mois de juillet, d'août et de septembre, on n'y est pas aussi exposé à avoir recours à d'autres expédients : les cultivateurs se donnent simplement la peine de détacher les liens inférieurs des javelles, de conserver celui de la tête, d'élargir et de séparer les tiges par le bas, en forme de *faisceau*, et de leur faire occuper un très-grand espace; ces javelles, ainsi exposées et droites, sont bientôt desséchées par les rayons du soleil et par le courant d'air qui passe entre chaque tige. Lorsque les parties inférieures des javelles commencent à être sèches, on les dresse, on les tourne dans un autre sens en agitant les plantes, et on descend le lien qui avoisine la tête pour que le sommet des tiges sèchent également.

D'autres cultivateurs portent les javelles sur la pelouse, détachent les liens, les allongent, étendent la javelle par-dessus, en séparant bien les tiges pour que les rayons du soleil frappent également sur toutes, et les tournent et retournent avec une longue perche ou avec les mains plusieurs fois dans la journée. Il est rare que cette opération se continue au-delà de deux à trois jours de suite, si le temps est favorable.

La première de ces deux méthodes me paraît l'emporter, en ce que s'il survient de grandes pluies au moment où l'on sort le chanvre du routour, ou les jours suivants, l'eau qui tombe sur les javelles droites s'écoule le long des tiges sans les endommager, et aux premiers rayons du soleil elles sèchent promptement, tandis que le chanvre étendu sur la pelouse, y demeurant plus qu'on ne voudrait, devient gris et s'endommage. Néanmoins, si le chanvre en sortant du routoir se trouvait trop faible par une cause quelconque pour être dressé, il conviendrait alors de l'étendre comme il vient d'être dit.

Dans les départements moins chauds, soit par leur rapprochement du *nord*, leur élévation ou leur proximité des montagnes, l'art est obligé de venir suppléer à la nature ; c'est là que le haloir ou séchoir est utile. Chacun en construit à sa manière : c'est tantôt une masure découverte, une enceinte de murailles, une caverne, un chemin bas coupé, tantôt le dessous d'un rocher, une voûte à l'abri du vent du nord et éloignée des habitations, etc. Dans le haut de ce haloir, on place des perches de bois vert dépouillées de leur écorce, assez fortes pour porter du chanvre roui de l'épaisseur de 15 à 18 centimètres et élevée d'un mètre et 1/2 à 2 mètres; on entretient au-dessous un feu de broussailles qui donnent une flamme claire et sans fumée; on retourne de temps à autre toutes les tiges pour qu'elles sèchent également. Cette opération, qui ressemble à celle par laquelle on prépare et conserve les châtaignes dans nos contrées, n'est pas sans inconvénient; il faut une grande habitude pour savoir remplacer à temps le chanvre sec par du nouveau, et de l'expérience pour alimenter le feu et chauffer également toute l'étendue du haloir sans l'incendier. On sèche aussi le chanvre au four avec le même danger, et cette méthode est encore plus vicieuse; j'en parlerai à l'article du teillage; la filasse qui en provient est plus sèche, plus cassante et plus rude. Les filassiers la distinguent au simple toucher. Elle fournit une poussière plus âcre que les autres dans les travaux qu'on lui fait subir et donne un déchet considérable.

Le chanvre séché au grand air ou derrière un four, sans y être enfermé, est toujours le meilleur, le plus doux et le plus pesant.

CHAPITRE IX.

ROUTOIR ARTIFICIEL.

Le meilleur rouissage étant celui par lequel on procure au chanvre la fermentation la plus prompte et le meilleur dissolvant du gluten, de la résine et de l'huile aromatique combinés ensemble, liant la partie corticale du chanvre à sa partie ligneuse ; le principal point est donc de trouver le dissolvant qui renferme ces diverses facultés. L'eau étant le véhicule qui dissout le mieux les corps mucilagineux, il s'agit alors de la mettre en état d'opérer une prompte fermentation par la chaleur, et de lui fournir les principes alcalins qui peuvent lui manquer ; l'eau courante, mais retardée dans sa marche, me paraît remplir ce double but. C'est, sans doute, pour ne pas avoir reconnu ces causes que *Duhamel*, *Marcandier*, et tant d'autres, n'ont pas obtenu les mêmes résultats dans leurs expériences sur ces deux espèces de rouissage. Les rivières à grands courants, quoique contenant des principes alcalins qu'elles ramassent et dissolvent dans leur trajet, ne peuvent pas, à cause de la rapidité de leur course, opérer une prompte fermentation ; les eaux dormantes, sans courant, contiennent, pour la plupart, très-peu de principes alcalins, à cause de leur repos qui occasionne des combinaisons de ces principes avec d'autres corps qui les détruisent en les neutralisant. Et dans ces eaux qui sont toujours ou trop chaudes ou trop froides, en raison des sources d'où elles proviennent, la fermentation ne peut jamais y être régulière ; elle est, comme je l'ai déjà dit ailleurs, ou trop brusque ou trop lente. Ne pourrait-on pas, pour remédier à ces deux inconvénients, former des routoirs artificiels qui réuniraient tous les avantages des eaux courantes et des eaux dormantes, sans participer à leurs inconvénients, en choisissant les meilleures eaux, ou en leur fournissant les principes qui leur manquent ? Mais, dira-t-on, le petit cultivateur pourra-t-il supporter une dépense ou un travail qui, dans certains lieux, pourrait être considérable, pour faire un routoir et lui fournir les substances nécessaires à un bon rouissage ? Je dirai que, dans ce cas, il peut profiter des dispositions locales, telles qu'aux bords de la mer, des lacs, des étangs, des rivières, des ruisseaux, etc.; mais les grands cultivateurs, dans les pays où l'on cultive beaucoup de chanvre, et mieux encore la communauté entière d'un bourg ou village, ne pourrait-elle pas faire un ou plusieurs routoirs fixes et solidement établis à l'usage de tous les individus qui la composent? L'intérêt de chacun aurait bientôt fixé l'ordre le plus convenable à tous. Le conseil de la commune pourrait encore faire établir ces routoirs dans des positions avantageuses, avec ses revenus ou dotation, et percevrait un impôt déterminé sur le nombre des javelles mises à rouir par chaque individu, comme cela se pratique aujourd'hui entre les cultivateurs dans plusieurs départements. En suivant cet usage, le pauvre comme le riche jouirait de cet établissement; on parviendrait à un rouissage moins incommode et bien dirigé conformément aux principes établis, ce qui donnerait par la suite de la célébrité au chanvre de ce canton, et une hausse certaine dans le prix de sa vente.

Que le routoir soit construit par un particulier ou par une communauté, il doit être placé loin des habitations et de manière à recevoir les rayons du soleil toute la journée. Sa longueur sera proportionnée à la masse du chanvre qui devra y être roui, et sa largeur juste à celle des plus grands chanvres qui peuvent croître dans la contrée, afin d'avoir une plus grande facilité d'y placer et d'en retirer les pierres et les autres fardeaux dont on charge le chanvre, et être mieux à la portée d'observer l'opération du rouissage sur toute la surface. 1 mètre 33 centim. de profondeur sont suffisants pour que le chanvre trempe bien dans l'eau. Ce qu'il y a de plus essentiel, quoique négligé par la plupart des cultivateurs, c'est de paver le fond du routoir et de lui donner sur sa longueur une pente d'environ un centimètre par mètre, de l'environner de murs en pierre, briques ou gazon solidement fixés, et un fort talus à la hauteur du terrain au moins, avec une vanne à son extrémité inférieure. Un routoir ainsi construit occasionnera quelques dépenses de plus, mais les avantages qui en résultent compensent généreusement ces avances.

1° Le routoir conservera toujours sa première forme, au lieu que s'il est en terre, il s'élargit à la surface supérieure et se rétrécit à l'inférieure par les éboulements des bords ; ce qui occasionne un travail annuel ;

2° Si les javelles qui sont au fond du routoir touchent à la vase, elles sont exposées à pourrir ; ce qui n'arrive pas lorsqu'il y a un pavé.

3° Le chanvre étant plus propre , la filasse en est plus belle.

4° Par le moyen de la vanne, on peut proportionner la quantité d'eau à celle du chanvre, et la faire écouler à volonté ;

5° Enfin, les routoirs construits dans cette forme exhalent moins de mauvaise odeur, et il est bien plus facile de les nettoyer.

Je désirerais que l'on perfectionnât ce genre de routoir, en formant à quelque distance et au-dessus, une marre ou petit bassin fermant aussi avec une vanne, dans lequel on ferait couler d'avance et séjourner une quantité suffisante d'eau pour remplir le routoir, et lorsque le chanvre y aurait été arrangé, on lâcherait l'eau de la marre pour le remplir, ce qui serait plus promptement exécuté, et par là on préviendrait cet autre inconvénient de laisser une partie du chanvre trop longtemps à sec, tandis que l'autre trempe dans l'eau ; ce qui dérange entièrement le mouvement de la fermentation.

Le courant d'eau destiné à renouveler celle du routoir entrant et sortant aussi de cette marre ou bassin, perdrait sa crudité ; et l'on

aurait encore cet avantage : que si l'on est dans
le cas de détourner les eaux d'une rivière,
d'un torrent, etc., dont les eaux se trouvent
troubles et chargées de vase, elles se clarifie-
ront dans la marre par leur séjour, leur repos,
et ne porteront pas dans le routoir les corps
étrangers dont elles étaient chargées.

J'ai dit précédemment que d'après l'analyse
des parties constituantes du chanvre, l'on
pouvait perfectionner la pratique de son rouissage, par l'emploi d'agents qui, en détruisant le gluten et les vésicules du tissu cellulaire, puissent encore extraire la résine. C'est
ici le cas de faire connaître la nature de ces
agents.

L'eau étant reconnue le meilleur dissolvant
de la gomme ou gluten du chanvre, ne pourrait-on pas ajouter à ce véhicule dans le rouissage, ce supplément que l'on emploie ensuite
pour blanchir le fil et la toile que l'on en prépare? N'est-il pas tout naturel de penser que
l'usage des alcalis dans le rouissage le facilite-
rait en l'améliorant. Les alcalis agissant sur
l'huile aromatique combinée à la résine, la
décomposerait en se combinant avec cette
première, avec laquelle elle formerait une
espèce de *savonnade* qui, devenant soluble
dans l'eau, pourrait, par conséquent, servir

à enlever cette partie tenace, qui adhère si fortement au chanvre, le salit et le colore.

Des expériences faites par M. *Home* viennent à l'appui de cette opinion. Ce savant anglais ayant mis rouir égale quantité de chanvre dans trois eaux de différente nature, l'eau dure, l'eau dure alcaline, et l'eau douce, trouva au bout de six jours que l'eau dure et l'eau douce étaient pâles; mais l'eau dure qu'il avait alcalinée était d'une couleur vive. Il n'y eut que le chanvre de l'eau alcaline dont l'écorce fut grasse au toucher. Il fit sécher une partie de chaque paquet; celui qu'il avait tiré de l'eau alcaline était d'une couleur plus vive que les deux autres, et paraissait un peu trop roui; celui de l'eau douce ne l'était pas assez et ne le fut que trois jours après; enfin celui de l'eau dure se trouvait presque dans le même état qu'il avait été mis. Il fallut encore plus de sept jours pour que le rouissage de ce dernier fût parfait, et la filasse qui en provint n'eut jamais le moelleux des deux autres paquets.

Les alcalis accélèrent donc, sans nul doute, le rouissage, en séparant la résine, du corps gras qui a plus d'affinité avec eux et rendent le chanvre plus fin et plus soyeux.

La méthode *du prince de Saint-Séver*, pour

rendre le chanvre aussi beau et aussi fin que celui de *Perse* qui passe pour le plus beau du monde, est encore une preuve en faveur de l'emploi des alcalis dans le rouissage du chanvre. Cette méthode, qui consiste à faire macérer le chanvre dans une lessive de soude, rendue caustique par la chaux, démontre d'une manière évidente que si la résine unie à l'huile aromatique, n'est pas le plus puissant moyen que la nature ait employé pour unir les fibres corticales du chanvre, elle met cependant un obstacle à leur entière séparation lorsqu'elle a été déposée sur elles.

Enfin, pour dernière preuve de l'efficacité des alcalis pour la perfection du rouissage du chanvre, je ferai connaître le procédé qu'a inventé à cet effet M. *Brale*, *d'Amiens*, dont l'utilité a été constatée par des savants distingués.

M. *Brale* élève la température de l'eau de 72 à 75 degrés du thermomètre de *Réaumur;* et il y délaye du savon vert dans la proportion relative de 1 à 48. Quant à l'eau, il faut en employer à peu près quatre fois le poids du chanvre : on plonge le chanvre dans cette eau, de manière qu'elle surnage, on ferme le vase et l'on cesse le feu. Deux heures de séjour suffisent pour que le chanvre soit roui (1).

Je m'attends bien que l'on opposera contre ces moyens la difficulté de faire macérer ainsi une grande quantité de chanvre, et surtout l'impossibilité de le faire dans une eau courante de rivière; on opposera aussi la dépense que ces moyens entraîneraient nécessairement; mais qu'est-ce qui empêcherait de rendre alcalines les eaux des routoirs naturels que l'on rencontre dans les eaux des rivières et celles plus faciles que l'on conduit dans les routoirs artificiels, en y faisant dissoudre quelques kilogrammes de potasse mélangés avec une semblable quantité de chaux vive.

On pourrait encore lever la difficulté de la dépense, en jetant dans la marre pratiquée au-dessus du routoir ou dans le routoir lui-même, avant d'y mettre le chanvre, une quantité proportionnée à celle du chanvre à rouir, de cendres lessivées que l'on conserverait des différents blanchissages qui se font dans l'année, et que l'on rendrait également caustiques par l'addition d'un pareil volume de plâtras résultant de la démolition des maisons. Au reste, cette dépense qui effraye de

____

(1) Esprit des Journaux, pag. 118, tom. 6, art. 13.

prime abord, est bien légère en comparaison des bénéfices qu'elle produit ; elle est plus que compensée par l'augmentation de la beauté, de la force, de la finesse et du poids du chanvre. Il en résulte encore cet avantage, que l'eau du routoir ainsi alcalinée neutralisera l'odeur nauséabonde et fétide qui s'exhale des rouissages ordinaires, incommode les travailleurs et les habitants des lieux voisins ; car l'on sait que la chaux est le meilleur désinfectant. D'ailleurs ces matières sont un engrais qui, porté sur les terres après le rouissage, y assure la fertilité et l'abondance.

CHAPITRE X.

TEILLAGE DU CHANVRE DU PIÉMONT DE LA GRANDE ESPÈCE, ET SES DIVERS PROCÉDÉS.

Le mot *tiller* dont a fait *teiller*, dérive de *tilleul*, c'est-à-dire, enlever l'écorce du *tilleul* pour en faire des cordes. Il semble que l'on aurait dû conserver la même dénomination pour indiquer l'action qui consiste à séparer la filasse du chanvre de sa chènevotte, et dire *chanvrer;* mais l'usage ayant prévalu, on dit *teiller le chanvre.* Le teillage est bon, lorsque la chènevotte casse nette, sans engrenures allongées, et que la filasse s'en détache aisément. Il y a plusieurs manières de séparer la teille ou filasse de la chènevotte, savoir : à la main, ce que l'on appelle improprement *teiller*, ou au moyen d'instruments nommés mâchoires ou broies, sérans, etc. Voici un aperçu des deux procédés les plus usités.

Teiller, est l'opération par laquelle on rompt avec les doigts une ou plusieurs tiges de chanvre en commençant par le pied ; si les nœuds ou la partie mal rouie arrêtent la filasse, on casse la chènevotte plus haut pour la reprendre, et on tire de toute sa longueur l'écorce qui l'enveloppe, que l'on place sur l'un de ses doigts par le tiers de sa longueur, et ainsi de suite, en cassant de nouvelles tiges jusqu'à ce que ce doigt soit suffisamment garni pour ne pouvoir plus en contenir. Alors on accroche ce *doigtier* à une cheville pour recommencer l'opération, jusqu'à ce qu'enfin le nombre des *doigtiers* soit suffisant pour former une poignée d'environ 8 à 10 hectogrammes, que l'on tord et que l'on arrange pour empêcher les fils de se mêler.

Broyer, c'est briser le chanvre que l'on met

par poignée à travers d'une *maque*, *mâchoire*, *braque*, *braie* ou *brie*, *séran* (tous ces noms sont en usage). Cette machine est une bancelle composée de deux pièces de bois un peu épaisses et creusées de façon qu'elles s'emboîtent l'une dans l'autre, posées horizontalement sur un tréteau et attachées par le bout l'une dans l'autre avec une cheville ; celle de dessus étant mobile et ayant un manche pour la lever, en se rabattant dans les creux de celle de dessous, brise le chanvre dont on tourne la poignée pour qu'elle soit brisée dans tous les sens ; on la frotte, on la secoue ensuite, et l'on brise de nouveau jusqu'à ce qu'il soit assez net et assez doux.

Cette méthode beaucoup plus expéditive que le teillage à la main, surtout lorsqu'on a une grande quantité de chanvre à teiller, et dans les contrées où les bras manquent, puisque le travail d'une seule personne équivaut à celui d'une douzaine de teilleurs, présente aussi un mauvais côté. Pour briser ainsi le chanvre, il est indispensable de le faire préliminairement sécher au four, pour lui enlever un reste d'humidité qu'il peut encore contenir ; la chaleur du soleil, à l'époque de la fin du rouissage, n'est pas suffisante dans nos climats pour lui donner ce degré de siccité.

Cette dessiccation par le four, tant bien qu'elle soit conduite, n'est pas assez lente ni assez graduée, pour ne pas altérer peu ou beaucoup la filasse. Aussi, voyons-nous les chanvres traités de cette manière devenir de couleur rouge, souvent foncée dans presque le tiers de la longueur de la partie supérieure des poignées ; ce qui rend la filasse aigre, sèche et cassante, et le broyage achève, pour ainsi dire, de la rompre en la mâchant.

Le teillage à la main est donc, jusqu'ici, le préférable, parce que le chanvre n'étant pas séché au four, la filasse en est plus belle, et que la main ne détruit pas la fibre corticale en la rompant comme fait *la maque ;* ce que le cultivateur perd du côté du temps, il le retrouve dans la qualité et la quantité ; car le chanvre broyé fait incontestablement plus de déchet que celui qui est teillé à la main.

Dans les départements de l'*est*, on teille tout le chanvre à la main. Dans les pays montagneux et froids, par exemple, à quoi s'occuperaient les paysans dans les longues soirées d'hiver ? Le père de famille rassemble ses enfants et ses domestiques pour faire ce qu'ils appellent la veillée, et se rangent autour du foyer ; et à la faible clarté d'une lampe ou d'un feu de chènevottes entretenu par un des en-

fants de la famille, chacun travaille, chante
sa chanson ; on fait des contes pour amuser et
tenir éveillée l'assemblée en une gaieté franche
et souvent assise à côté de la plus grande mi-
sère. Là , les bons habitants des campagnes
oublient des maux dont l'usage des machines
ne dissiperaient pas le souvenir. Près du foyer
paternel , les jeunes gens méconnaissent l'en-
nui, vivent tranquilles et heureux , ne de-
mandent plus à fréquenter les cabarets ou autres lieux de débauches , vrais tombeaux de
mœurs pratiques et privées. Les relations de
bon voisinage s'entretiennent aussi par les
réunions qui ont lieu, tantôt dans une maison,
tantôt dans une autre ; réunions vraiment intéressantes pour tout homme dont l'esprit et
le cœur ne sont ni blasés, ni corrompus ; car
il en est tant d'autres qui portent le fléau de
l'immoralité jusqu'au sein des familles ! Plusieurs fois , en Italie et dans nos campagnes,
j'ai assisté moi-même à ces assemblées inno-
centes ; j'y ai aussi teillé ma javelle et fait
mon conte , et j'en suis sorti plus satisfait que
d'un théâtre , parce que c'est là , et avec de
tels hommes ignorants encore dans l'art de
la dissimulation, que l'on étudie avec plaisir
les mœurs d'un pays.

Des travaux du printemps, de l'été, de l'automne,
L'hiver délasse enfin les bons cultivateurs;
On teille, on file, à la joie on s'adonne;
Que ces loisirs sont doux après tant de sueurs!

TABLE DES MATIÈRES.